DIE STÄRKE

Bibliographie der Weltliteratur

von

Prof. Dr. Max Ulmann

Herausgegeben vom Institut für Ernährung
Potsdam-Rehbrücke
der Deutschen Akademie der Wissenschaften zu Berlin

LIEFERUNG 8

Hauptgruppe 6:
Stärkederivate und spezielle Chemie der Stärke

AKADEMIE-VERLAG · BERLIN

1968

Erschienen im Akademie-Verlag GmbH, 108 Berlin, Leipziger Straße 3—4

Lizenznummer 202 · 100/486/68
Gesamtherstellung: VEB Druckerei „Thomas Müntzer", 582 Bad Langensalza
Bestellnummer 3055/8 · ES 20 M 8, 1 E
16,—

Grundeinteilung der Stärkebibliographie

Hauptgruppen 0 bis 9

0. Allgemeines
1. Technologie der Kartoffelstärke
2. Technologie der Getreidestärken und sonstiger Stärkerohstoffe
3. Technologie veränderter Stärken und Stärkeabbauprodukte
4. Verwendungsgebiete der Stärke und Spezialstärkeprodukte
5. Analytische Bestimmung und Untersuchung der Stärke
6. Stärkederivate und spezielle Chemie der Stärke
7. Aufbau und Konstitution der Stärke
8. Kolloidchemie der Stärke und der Stärkelösungen
9. Enzymatische Arbeiten

Hauptgruppe 6 :

Stärkederivate und spezielle Chemie der Stärke

60. **Allgemeines**
    - 601. Stärkederivate, Übersichten, Allgemeines
    - 602. Stärkederivate, allgemein gehaltene Patente

61. **Organische Derivate, Äther und Ester**
    - 610. Allgemeines
    - 611. Stärkeäther (außer Methyl- und Allylstärke)
        - 6111. Herstellung, Eigenschaften, Bestimmung
        - 6112. Patente
        - 6113. N enthaltende Äther
    - 612. Methylstärken
    - 613. Allylstärken
    - 614. Stärkeester (außer Acetylstärke)
        - 6141. Herstellung, Eigenschaften
        - 6142. Patente
    - 615. Acetylstärken
    - 616. Stärke und Formaldehyd
    - 617. Sonstige organische Stärkederivate

62. **Stärke und Alkali**
    - 621. Stärke-Alkali
    - 622. Stärkexanthogenate
    - 623. Alkaliabbau von Stärke

63. **Ester mit anorganischen Säuren**
    - 630. Allgemeines
    - 631. Nitrostärken, Salpetersäureester
        - 6311. Herstellung, Eigenschaften, Bestimmung
        - 6312. Patente
    - 632. Schwefelsäureester
    - 633. Phosphorsäureester

64. Stärke und Halogene
- 640. Allgemeines
- 641. Jod-Stärke
  - 6411. Allgemeines
  - 6412. Charakterisierung bestimmter Stärken durch Jod
  - 6413. Reaktions-und Konstitutionsfragen
  - 6414. Absorptionsspektrum der Jodstärke
  - 6415. Jod-Farbgebung mit anderen Stoffen
- 642. Chlor-Stärke und Halogen-Calcium-Stärke
- 643. Sonstige Halogen-Stärke-Verbindungen

65. Hydrolyse
- 650. Allgemeines
- 651. Hydrolyse durch anorganische Säuren
- 652. Hydrolyse durch Salze
- 653. Hydrolyse durch organische Verbindungen
- 654. Hydrierung und Hydrolyse
- 655. Hydrolyse durch Erhitzen und Druck
- 656. Gewinnung bestimmter Hydrolysenprodukte
- 657. Untersuchung und Nachweis von Hydrolysenprodukten
- 658. Hydrolyse sonstiger Kohlenhydrate

66. Oxydation
- 660. Allgemeines, Übersichten, Patente
- 661. Perjodat-Oxydation (Dialdehydstärken)
- 662. Wasserstoffperoxyd-Oxydation
- 663. Oxydation durch Halogene und Halogensäuren
- 664. Oxydation durch Chromsäure
- 665. Sonstige Oxydationsmittel
- 666. Untersuchung von Oxystärken
- 667. Oxydationsprodukte

67. Stärke und Proteine und sontige N-Verbindungen
- 671. Stärke-Protein
- 672. Kohlenhydrate und Aminosäuren (Maillard-Reaktion)
- 673. Verschiedene N-haltige Stärkeverbindungen

Hauptgruppe 6:

Stärkederivate und spezielle Chemie der Stärke

601. Stärkederivate, Übersichten, Allgemeines

Über die Erweiterung der Produktion und Verwendung modifizierter Stärken. Chramowa, G. Zucker-Ind.(russ) 40. Nr.3 61-64 (1966).

Umwandlungen von Cellulose und Stärke. Husemann, E. und Werner, R. in "Methoden der organischen Chemie" (E.Müller) Bd.XIV/2 "Makromolekulare Stoffe" S. 862-915. Verlag G. Thieme, Stuttgart 1963.

Methods in Carbohydrate Chemistry. Vol. II. Reactions of carbohydrates. Whistler, R.L. und Wolfrom, M.L. Academic Press.Inc., New York 1963. 572 S. - Ref. Stärke 15. 423 (1963).

Modifizierung von Stärke für industrielle Zwecke. Barber, G.A. In Recent Advances Proc.Cereals Symp.London 1961. 143-56.

Verteilung der Substituenten in Maisstärkekörnern mit niedrigen Substitutionsgraden. Whistler, R.L. und Spencer, W.W. Arch. Biochem.Biophysics 87. 137-39 (1960) - Ref. C.A. 54. 18697c (1960). C. 1962. 4754.

Neuartige Stärkederivate. Adhäsion 3. 275 (1959).

Über Herstellungsverfahren und Anwendungsmöglichkeiten von Stärkeäthern und -estern. Rüggeberg, H. Stärke 7. 101-05 (1955) - Ref. C. 1956. 12701. C.A. 50. 13486c (1956).

Stärkederivate. 4.Mitt. Ciusa, Walter und Adamo, Giuseppe Ann. Chimica 41. 733-38 (1951) - Ref. C.A. 46. 8401c (1952). C. 1950/54. 3223 S.

Stärkederivate. Degering, E.F. in R.W.Kerr: Chemistry and Industry of Starch. Academic Press Inc.Publishers, New York 1950. S. 259-323.

Die Ester und Äther der Stärke. Radley, J.A. Manufact.Chemist 17. 379-86 (1946).

Ein Verfahren für die Herstellung von verschiedenen Derivaten der Stärke. Pacsu, E. und Mullen, J.W. J.Amer.chem.Soc. 63. 1487-88 (1941) - Ref. C. 1941. II. 1510.

Klassifizierung der Stärkederivate. Beschreibung der Bariumhydroxydmethode. Caesar, G.V. und Cushing, M.L. Ind.Engng.Chem. 31. 921-24. (1939) - Ref. C. 1939. II. 2591.

Parallelreaktionen von Stärke und Cellulose. Wengraf, Paul Melliand Textilber. 10. 805-06 (1929) - Ref. C. 1929. II. 3125.

Untersuchungen über polymere Kohlenhydrate. Karrer, P. Z.angew. Chem. 35. 85-90 (1922) - Ref. C. 1922. III. 602.

Studien über die Stärke. Ost, H. Chemiker-Ztg. 19. 1501-07 (1895) - W.Ref. 450. C. 1895. II. 593.

602. Stärkederivate, allgemein gehaltene Patente

(Vgl. auch Patente "Stärkeprodukte": 301, "Abbauprodukte": 302, "Umwandlungsprodukte": 303)

Stärkederivate. N.V.W.A.Scholten's Chemische Fabriken (Erfinder: Strating, J., Moes, G. und Vogel, W.F.) Holl.P. 111 723 ausg. 16/8. 1965. E.Prior. 24/11. 1958. - Ref. C.A. 63. 18437a (1965).

Stärkederivate. Union Starch & Refining Co.,Inc. (Erfinder: Trimnell, D., Patel, C.P. und Johnston, J.F.) A.P. 3 086 971 ausg. 23/4. 1963. - Ref. C.A. (M.) 59. 3000a (1963). Ref.J. Chem.(russ.) 1965. 4 R331. C. 1965. 20-2864.

Herstellung von Stärkederivaten. Hercules Powder Co. Japan.A.S. 10 600/1962 vom 3/9. 1960., ausg. 8/8. 1962. A.Prior. 4/9. 1959., id.mit E.P. 915 473. - Ref. C. 1965. 29-3019.

Die Herstellung von Stärkederivaten. Sarui, K. und Takuti, Ch. Japan.P. 5099 ('60) ausg. 13/5. 1960. - Ref.J.Chem.(russ.) 1961. 16 N363.

Stärkederivate. Hercules Powder Co. (Erfinder: Harris, G.C., Leonhard, R.A. und Weisgerber, C.A.) Aust.P. 247 664 vom 25/8. 1960., ausg. 14/11. 1963. A.Prior. 4/9. 1959; id.mit E.P. 915 473.- Ref. C. 1965. 40-2998.

Stärkederivate. A.E.Staley Manufg.Co. E.P. 884 696 vom 22/4. 1960. ausg. 13/12. 1961. A.Prior. 1/6. 1959. - Ref. C.A. 56. 8984d (1962). C. 1965. 51-2870.

Chemische Modifizierung von Stärke. A.E.Staley Mfg.Co. (Erfinder: Cushing, M.L.) A.P. 3 135 738 vom 23/4. 1959., ausg. 2/6. 1964. id.mit E.P. 879 849. - Ref. C. 1965. 40-3001.

Derivate von Polysacchariden, vorwiegend von Stärke. Scholten's Chemische Fabrieken, N.V.W.A. E.P. 815 358 vom 25/6. 1957., ausg. 24/6. 1959. Holl.Prior. 26/6. 1956. id.mit D.A.S. 1 187 599. - Ref. C.A. 53. 18523b (1959). C. 1960. 132 18. Stärke 13. 348 (1961).

Polysaccharid-Derivate. W.A.Scholten's Chemische Fabrieken N.V. Erfinder: Strating, J., Moes, G. und Vogel, W.F.) E.P. 879 133 vom 24/11. 1958., ausg. 4/10. 1961. - Ref. C.A. 57. 2314e (1962). C. 1964. 40-2838.

Herstellung von Stärkederivaten. National Starch & Chemical Corp., übert. von Wurzburg, O.B. A.P. 2 935 510 vom 6/6. 1958., ausg. 3/5. 1960. - Ref. C. 1961. 8507. Ref.J.Chem.(russ.) 1961. 13 N468. Stärke 14. 185 (1962).

Herstellung von Kohlenhydratderivaten auf trockenem Wege. W.A. Scholten's Chemische Fabrieken N.V. (Erfinder: Stel, H.H.N.) D.A.S. 1 187 599 Kl.12 o vom 25/6. 1957., ausg. 25/2. 1965. Holl.Prior. 26/6. 1956; id.mit E.P. 815 358. - Ref. C. 1965. 44-2777.

Herstellung von in kaltem Wasser löslichen und/oder quellbaren Stärkederivaten. O.J. Meijer's Fabrieken voor verpakte artikelen N.V. D.A.S. 1 093 299 Kl. 89k vom 4/7. 1957., ausg. 17/11. 1960. Holl. Prior. 3/10. 1956. Zusatz zu D.A.S. 1 089 340. - Ref. C. 1961. 12297. C.A. 56. 3712b (1962).

Herstellung von in kaltem Wasser quellbaren oder löslichen Stärkederivaten. O.J. Meijer's Fabrieken voor Verpakte Artikeln N.V. Schwz.P. 380 676 vom 13/8. 1957., ausg. 15/9. 1964. Holl. Prior. 3/10. 1956. id.mit Belg.P. 558 029. u. D.A.S. 1 093 299. - Ref. C. 1965. 30-2972.

Verfahren zur Herstellung von Abkömmlingen von Polysacchariden. Chemische Fabrik Grünau A.-G. D.A.S. 1 047 762 vom 26/9. 1957., ausg. 31/12. 1958. - Ref. Stärke 12. 30 (1960).

Herstellung von Stärkederivaten. Ensei, K. und Takeuchi, H. Jap. A.S. 5099/1960 vom 28/12. 1956., ausg. 13/5. 1960. - Ref. C. 1962. 14710.

Herstellung von Stärkederivaten. Corn Products Refining Co. (Erfinder: Kerr, R.W., Paschall, E.F. und Minkema, W.H.) F.P. 1 132 652 vom 26/9. 1955., ausg. 14/3. 1957. A.Prior 7/3. 1955. - Ref. C. 1961. 16684.

Verfahren zur Herstellung von Stärkederivaten. Blattmann & Co. (Erfinder: Stärkle, M., Meier, E. und Christoffel, C.) D.B.P. 933 147 Kl.120 vom 14/3. 1953., ausg. 22/9. 1955. Zusatz zum D.B.P. 864 396 vom 30/1. 1951. Schweiz.Prior. vom 18/3. 1952. - Ref. Stärke 7. 295 (1955). C. 1956. 3705. C. 1956. 12988.

Herstellung von Derivaten von partiell abgebauter Stärke. Blattmann & Co. Holl.P. 97 164 vom 17/3. 1953., ausg. 15/3. 1961. Schwz.Prior. 18/3. 1952. Zusatz zu Holl.P. 93 277., id.mit Schwz. P. 307 521. - Ref. C. 1962. 5879.

Verfahren zur Herstellung von Stärkederivaten. Blattmann & Co. (Erfinder: Stärkle, M., Meier, E. und Christoffel, C.) D.B.P. 936 870 Kl.120 vom 14/3. 1953., ausg. 22/12. 1955. Zusatz zum D.B.P. 864 396 vom 30/1. 1951. Schweiz.Prior. vom 18/3. 1952. - Ref. Stärke 8. 94 (1956).

Herstellung von Stärkederivaten. American Maize-Products Co., übert. von: H.L. Wetzstein u. P.Lyon A.P. 2 754 232 vom 15/10. 1952., ausg. 10/7. 1956. - Ref. C. 1957. 13830. C.A. 50. 13489c (1956).

Verfahren für die Herstellung neuer Kohlenhydratverbindungen. Ohio State University Research Foundation (Erfinder: Gaver, K.M. Tieszen, D.V. und Lasure, E.P.) A.P. 2 671 781 vom 26/6. 1951., ausg. 9/3. 1954. -Ref. Stärke 6. 259 (1954). C.A. 48. 8569c (1954). C. 1955. 2322.

Verfahren für die Herstellung neuer Kohlenhydratverbindungen und ihrer Derivate. Ohio State University Research Foundation (Erfinder: Gaver, K.M., Tieszen, D.V. und Lasure, E.P.) A.P. 2 671 780 vom 16/1. 1951, (Original application 31/8. 1948) ausg. 9/3. 1954. - Ref. Stärke 6. 259 (1954). C.A. 48. 8569c (1954). C. 1955. 2322.

Stärkederivate. Blattmann & Co. Dän.P. 82 975 vom 6/2. 1951., ausg. 17/6. 1957. Schwz.Prior. 7/2. u. 10/7. 1950. id.mit D.B.P. 864 396. - Ref. C. 1961. 329.

Herstellung von Stärkederivaten. Blattmann & Co. Schwed.P. 155 226 vom 5/2. 1951., ausg. 17/7. 1956. Schwz.Prior. 7/2. u. 10/7. 1950., id. mit D.B.P. 864 396. - Ref. C. 1961. 14126.

Herstellung von Derivaten von teilweise abgebauter Stärke. Blattmann & Co. Holl.P. 93 277 vom 6/2. 1951., ausg. 15/1. 1960. id. mit D.B.P. 864 396.- Ref. C. 1961. 8507.

Herstellung von Stärkederivaten und deren Abbauprodukten. Blattmann & Co. D.B.P. 864 396 Kl.120 vom 30/1. 1951., ausg. 26/1. 1953. Schwz. Prior. 2/7. u. 10/7. 1950.- Ref. C. 1953. 3652.

Verfahren zur Herstellung von Stärkederivaten. Corn Products Refining Co. (Erfinder: Kerr, R.W. und Faucette, W.A.) D.B.P. 935 245 Kl. 12o vom 12/9. 1950., ausg. 17/11. 1955. A.Prior. vom 27/5. 1950. - Ref. Stärke 7. 295 (1955).

Ungesättigte Stärkederivate und ihre Polymerisation. National Starch Products, Inc., übert. von: C.G. Caldwell und O.B. Wurzburg A.P. 2 668 156 vom 6/4. 1950., ausg. 2/2. 1954. - Ref. C. 1955. 3018. C.A. 48. 10365d (1954). Stärke 6. 259 (1954).

Stabilisierte Stärkederivate. National Starch Products Inc. (Erfinder: Caldwell, C.G. und Würzburg, O.B.) A.P. 2 654 736 vom 2/2. 1949., ausg. 6/10. 1953. - Ref. C.A. 48. 1040c (1954). Stärke 6. 55 (1954).

Kohlenhydrat-Derivate. Ohio State University Research Foundation (Erfinder: Gaver, K.M., Lasure, E.P. und Tieszen, D.V.) A.P. 2 671 779 vom 8/6. 1948., ausg. 9/3. 1954. - Ref. Stärke 6. 259 (1954). C.A. 48. 8569c (1954). C. 1955. 2322.

Verfahren zur Herstellung von nichtverkleisterten Stärkederivaten. National Starch Products, Inc. Holl.P. 72 250 Kl.89k vom 9/1. 1947., ausg. 15/4. 1953. A.Prior. vom 8/1. 1945.

Stärkederivate. Keever Starch Co, übert. von: Kenneth M.Gaver, Ester, P. Lasure u. Levi M. Thomas. A.P. 2 538 903 vom 9/5. 1947., ausg. 23/1. 1951. - Ref. C. 1952. 610.

Herstellung von Stärkederivaten. Ohio State University Research Foundation, übert.von K.M. Gaver, E.P. Lasure u. D.V. Dieszen. A.P. 2 609 370 vom 31/8. 1946., ausg. 2/9. 1952. - Ref. C. 1954. 3592.

In Wasser lösliche Stärkederivate. Supf, Friedrich F.P. 906 752 vom 11/8. 1944., ausg. 18/1. 1946. D.Prior. 8/10. 1943. - Ref. C. 1946. I. 680.

Herstellung von wasserlöslichen Stärkederivaten. Supf, Friedrich Schwz. P. 240 219 vom 11/8. 1944., ausg. 1/4. 1946. D.Prior. 8/10. 1943. - Ref. C. 1949. E. 3056.

Herstellung von trockenen Stärkederivaten. Scholten's Chemische Fabrieken N.V.W.A., übert. v. J. Lolkema u. F.A. Möller. Holl. P. 56 340 Kl.89k vom 25/4. 1941., ausg. 15/6. 1944. - Ref. C. 1946. I. 412.

In Wasser lösliche Stärkederivate. Sichel-Werke Akt.-Ges. F.P. 895 422 vom 10/6. 1943., ausg. 24/1. 1945. D.Prior. 18/7. 1945. - Ref. C. 1949. E.3352.

Verfahren zur Herstellung von wasserlöslichen Stärke-Derivaten. Sichel-Werk A.-G. D.B.P. 921 440 Kl. 89k vom 9/10. 1943., ausg. 16/12. 1954. - Ref. Stärke 6. 308 (1954). C. 1955. 4982.

Verfahren zur Herstellung von wasserlöslichen Stärke-Derivaten. Sichel-Werke A.-G. D.B.P. 920 780 Kl.89k vom 25/9. 1943., ausg. 29/11. 1954. - Ref. Stärke 6. 282 (1954). C. 1955. 4723. C.A. 52. 14204g (1958).

Herstellung von wasserlöslichen Stärkederivaten. Sichel-Werke A.-G. D.B.P. 896 796 Kl.12o vom 2/3. 1943., ausg. 16/11. 1953. - Ref. C. 1956. 2328.

Herstellung von wasserlöslichen Stärkederivaten. Sichel-Werke A.-G. D.B.P. 869 030 Kl.89k vom 25/9. 1943., ausg. 2/3. 1953. - Ref. C. 1953. 4617.

Stärkederivate. Stein, Hall & Co., Inc. (Erfinder: Bauer, H.F., Bauer, J.V. und Hawley, D.M.) A.P. 2 396 937 vom 4/10. 1940., ausg. 19/3. 1946.

Herstellung von Stärkeverbindungen. E.I. du Pont de Nemours & Co., und William Maxwell. E.P. 520 625 vom 25/7. 1938., ausg. 30/5. 1940. - Ref. C. 1941. I. 160.

Hochviscose Stärke- und Cellulosederivate. du Pont, E.I. de Nemours & Co., übert. von: Robert W.Maxwell. A.PP. 2 148 951 u. 2 148 952 vom 15/4. 1937., ausg. 28/2. 1939. - Ref. C. 1939. I. 5082.

Herstellung von Kohlenhydratderivaten. Lilienfeld, Leon. E.P. 427 388 vom 17/7. 1933., ausg. 23/5. 1935. F.P. 779 064 vom 17/7. 1934., ausg. 29/3. 1935. E.Prior 17/7. 1933. - Ref. C. 1936. I. 3053.

Kohlehydratderivate. Lilienfeld, Leon. E.P. 427 387 vom 17/7. 1933., ausg. 23/6. 1935. F.P. 779 063 vom 17/7. 1934., ausg. 29/3. 1935. E.Prior. 17/7. 1933. - Ref. C. 1936. I. 2868.

Herstellung von Derivaten der Cellulose, Stärke und dergleichen. I.G. Farbenindustrie Akt.-Ges. E.PP. 383 612 vom 12/2. 1931., ausg. 15/12. 1932. D.Prior. 15/2. 1930. u. 383617 vom 13/2. 1931., ausg. 15/12. 1932. D.Prior. 15/2. 1930. - Ref. C. 1933. I. 27565.

Verfahren zur Herstellung von Cellulose- und Stärkeverbindungen. Helberger, Johann Heinrich. D.R.P. 562 180 Kl.12o vom 1/10. 1931., ausg. 1/11. 1932. - Ref. C. 1933. I. 340.

Herstellung von Derivaten der Cellulose, Stärke und dgl. I.G. Farbenindustrie Akt.-Ges. F.PP. 39765 vom 14/2. 1931., ausg. 12/3. 1932. D.Prior. 15/2. 1930. u. 40 124 vom 14/2. 1931., ausg. 20/4. 1932. D.Prior. 15/2. 1930. - Ref. C. 1933. I. 2340.

Herstellung von Derivaten polymerer Kohlehydrate. I.G. Farbenindustrie Akt.-Ges. Schwz.P. 151 316 vom 13/8. 1930., ausg. 1/3. 1932. D.Prior. 19/8. 1929. u. 21/1. 1930. - Ref. C. 1932. II. 3808.

Herstellung von Kohlehydratverbindungen. I.G.Farbenindustrie Akt.-Ges. F.P. 694 696 vom 30/4. 1930., ausg. 6/12. 1930. D.Prior. 1/5. 1929. E.P. 334 282 vom 4/6. 1929., ausg. 25/9. 1930. - Ref. C. 1932. I. 1734.

Verfahren zur Herstellung wasserlöslicher Derivate der Cellulose, Stärke u. dgl. I.G.Farbenindustrie Akt.-Ges. (Erfinder: O.E. Kurt Sponsel, H. Krauss u. G.Balle) D.R.P. 535 849 Kl. 12 o vom 20/8. 1929., ausg. 15/10. 1931. - Ref. C. 1932. I. 765

Herstellung von Derivaten der Cellulose, Stärke und anderer Kohlehydrate. Harrison, W. E.P. 286 332 vom 30/10. 1926., ausg. 29/3. 1928. - Ref. C. 1928. II. 305.

Herstellung von Kohlehydratderivaten. Farbenfabriken vorm.Fried. Bayer & Co. Erfinder: Otto Leuchs. D.R.P. 408 714 Kl. 12o vom 30/7. 1922., ausg. 23/1. 1925. - Ref. C. 1925. I. 1820.

Verfahren zur Herstellung von Kohlenhydratverbindungen. Farbenfabriken vorm. F.Bayer und Co. (Erfinder: Leuchs, O. und Hubert, E.) D.R.P. 368 413 Kl. 12o vom 30/11. 1920., ausg. 5/2. 1923. Zusatz zu D.R.P. 363 192.

Verfahren zur Darstellung von Cellulosederivaten. Farbenfabriken vorm.Fr.Bayer und Co. (Erfinder: Hubert, E.) D.R.P. 363 192 Kl.12o vom 5/11. 1920., ausg. 4/11.1922.

Verfahren zur Darstellung von Stärkeabkömmlingen. Farbenfabriken vorm.Friedr.Bayer & Co. (Erfinder: Otto Leuchs) D.R.P. 360 651 vom 14/10. 1920., ausg. 5/10. 1922. - Ref. C. 1923. II. 256.

61. Organische Derivate, Äther und Ester

610. Allgemeines
611. Stärkeäther (außer Methyl- u. Allylstärke)
612. Methylstärken
613. Allylstärken
614. Stärkeester (außer Acetylstärken)
615. Acetylstärken
616. Stärke und Formaldehyd
617. Sonstige organische Stärkederivate

610. Allgemeines
(Äther und Ester)

Die Gewinnung von Stärkederivaten. Minamiyama, Z., Kondo, Z. und Kato, A. Japan.P. 16 598 (60') ausg. 31/10. 1960. - Ref. J. Chem.(russ.) 1962. 19 N289.

Substitution von Alkoholen und Polysacchariden durch alkalische Transglycosidierung. Häggroth, S. und Lindberg, B. Svensk Papperstidn. 59. 870-73 (1956) - Ref. C.A. 51. 17157d (1957).

Herstellung von in der Kälte quellenden Stärkeäthern oder Estern. N.V.W.A. Scholten's Chemische Fabrieken, übert.von: Lolkema, J. und Moes, G. Belg.P. 542 770 vom 14/11. 1955., ausg. 11/9. 1959. Holl.Prior. 16/11. 1954. - Ref. C. 1961. 13747.

Herstellung von in der Kälte quellenden Stärkeäthern oder Estern. N.V.W.A. Scholten's Chemische Fabrieken, übert. von: Lolkema, J. und Moes, G. F.P. 1 138 923 vom 16/11. 1955., ausg. 21/6. 1957. Holl.Prior. 16/11. 1954. - Ref. C. 1961. 13747.

Verfahren zur Herstellung von Quellstärkemischäthern und bzw. oder -estern. W.A.Scholten's Chemische Fabrieken (Erfinder: Lolkema, J. und Moes, G.) D.A.S. 1 177 129 Kl. 12o vom 14/11. 1955., ausg. 3/9. 1964. Holl.Prior. 16/11. 1954. - Ref. C. 1965. 24-3015. Stärke 18. 231 (1966).

Verfahren zur Herstellung von kaltquellenden Äthern und/oder Estern von Stärke. Scholten's Chemische Fabrieken, N.V.W.A. (Lolkema, J. und Nors, G.) It.P. 572 905 vom 16/11. 1955.

Verfahren zur Herstellung von wasserlöslichen Äthern und Estern der Stärke. Scholten's Chemische Fabrieken, N.V.W.A. (Lolkema, J.) D.B.P. 972 249 Kl. 12o vom 7/5. 1953., ausg. 27/5. 1959. Holl.Prior. 23/1. 1940.

Herstellung von Abbauprodukten von verätherten oder veresterten polymeren Kohlenhydraten. Blattmann & Co. (Erfinder: Stärkle, M., Meier, E. und Christoffel, C.) Schwz.P. 307 522 vom 16/3. 1953., ausg. 1/8. 1955. Zusatz zum Schwz.P. 289 057. - Ref. C. 1956. 12988.

Herstellung von Abbauprodukten von verätherten oder veresterten polymeren Kohlenhydraten. Blattmann & Co. (Erfinder: Stärkle, M., Meier, E. und Christoffel, C.) Schwz.P. 307 521 vom 18/3. 1952., ausg. 1/8. 1955. Zusatz zum Schwz.P. 289 057.,id.mit Holl.P. 97 164. - Ref. C. 1956. 12988.

Verfahren zur Herstellung von Abbauprodukten von verätherten oder veresterten Kohlenhydraten. Blattmann & Co. (Erfinder: Stärkle, M., Meier, E. und Christoffel, C.) Schwz.P. 297 244 vom 10/7. 1950., ausg. 17/5. 1954. Zusatz zum Schwz.P. 289 057.

Herstellung von Äthern, Estern oder gemischten Äther-Estern von Kohlenhydraten. Scholten's Chemische Fabrieken, N.V.W.A.,Holl. Oe.P. 176 565 vom 4/7. 1949., ausg. 10/11. 1953. Holl.Prior. 23/1. 1940. D.Prior. 30/1. 1941. - Ref. C. 1954. 5416.

Herstellung von in kaltem Wasser löslichen Äthern oder Estern von Hydroxylgruppen enthaltenden Polysacchariden oder Polysaccharidderivaten. Scholten's Chemische Fabrieken, N.V.W.A. Oe.P. 170 851 vom 4/7. 1949., ausg. 10/4. 1952. Holl.Prior. 25/4. 1941. - Ref. C. 1952. 7428.

<u>Ätherester von Kohlenhydraten.</u> United States of America, übert.von: J.H. Schwartz, M. Zief, Ch.H. Fisher u. E.A. Talley. A.P. 2 602 789 vom 23/8. 1949., ausg. 8/7. 1952. - Ref. C. <u>1954</u>. 3592.

<u>Herstellung von Äthern und Estern von Kohlenhydraten.</u> United States of America, the Attorney General (Erfinder: Lolkema, J.) A.P. 2 459 108 vom 8/8. 1946., ausg. 11/1. 1949. - Ref. C. <u>1949</u>. E. 651. Stärke <u>2</u>. 237 (1950).

<u>Herstellung von Äthern und Estern von Stärke und anderen Kohlenhydraten.</u> Scholten's Chemische Fabrieken, N.V.W.A., übert. von: J.Lolkema. Holl.P. 55 779, ausg., 15/1. 1944. - Ref. C. <u>1946</u>. I. 412.

<u>Untersuchungen an Stärke. Darstellung und Eigenschaften von Stärketriestern.</u> Mullen, J.W. und Pacsu, E. Ind.Engng.Chem. <u>34</u>. 1209-17 (1942).

<u>Herstellung von trockenen, in kaltem Wasser löslichen Stärkeprodukten.</u> Scholten's Chemische Fabrieken. Finn.P. 25 715 vom 15/4. 1942., Auszug veröff. 30/4. 1952. Holl.Prior. 25/4. 1941. - Ref. C. <u>1953</u>. 459.

<u>Verfahren zur Herstellung von Äthern und Estern von Kohlenhydraten.</u> Scholten's Chemische Fabrieken, N.V.W.A. (Lolkema, J.) D.P. (DDR) 7 006 Kl.89k vom 31/1. 1941., ausg. 5/4. 1954. Holl. Prior. 23/1. 1940. (Ausschließungspatent).

<u>Stärkeäther und -ester, die in kaltem u. bzw. oder warmem Wasser lösl. sind.</u> Scholten's Chemische Fabrieken, N.V.W.A. It.P. 389 424 vom 15/2. 1941. Holl.Prior. 23/1. 1940. id.mit Belg.P. 445 222. - Ref. C. <u>1942</u>. II. 2560.

<u>Stärke und einige ihrer Derivate.</u> Bloede, V.G. in J.Alexander: Colloid Chemistry, Theoretical and Applied, Vol.IV, S. 187-92. Chemical Catalog Co.,Inc., New York 1932.

<u>Darstellung von Mischestern oder Ätherestern der polymeren Kohlehydrate.</u> I.G. Farbenindustrie Akt.-Ges. (Erfinder: M. Hagedorn u. B.Reyle. D.R.P. 548 457 Kl. 12o vom 5/6. 1930., ausg. 12/4. 1932. - Ref. C. <u>1932</u>. II. 148.

<u>Herstellung von Estern der Polysaccharidäther.</u> I.G. Farbenindustrie Akt.-Ges. E.P. 334 897 vom 11/6. 1929., ausg. 9/10. 1930. - Ref. C. <u>1931</u>. I. 2416.

<u>Herstellung von Äthern und Estern von Kohlehydraten, wie der Cellulose, der Stärke usw..</u> I.G. Farbenindustrie Akt.-Ges. F.P. 656 861 vom 30/6. 1928., ausg. 14/5. 1929. D.Prior. 30/6. u. 11/7. 1927. - Ref. C. <u>1929</u>. II. 650.

611. Stärkeäther (außer Methyl- und Allylstärke)

6111. Herstellung, Eigenschaften, Bestimmung
6112. Patente
6113. N enthaltende Äther

6111. Herstellung, Eigenschaften, Bestimmung

Triphenylmethyl-Äther von Stärke und Amylose. Roberts, H.J. in: Whistler, R.L. u.a., Methods in Carbohydrate Chem. Vol.IV., Academic Press 1964. S. 311-312.

Hydroxyäthyl- und Hydroxypropylstärke. Kesler, C.C. und Hjermstad, E.T. in: Whistler, R.L. u.a., Methods in Carbohydrate Chem. Vol. IV., Academic Press 1964. S.304-306.

Stärke-Vinylierung. Klein, I.M.D. Ind.Engng.Chem.Proc.Design Develop. 3. 287-88 (1964) - Ref.J.Chem.(russ.) 1965. 3 R311.

Verteilung der Substituenten in Vinylstärke. Berry, J.W., Deutschman, A.J.jun. und Evans, J.P. J.org.Chemistry 29. 2619-20 (1964) - Ref. C. 1965. 37-1095. Stärke 17. 239 (1965).

Bestimmung der Hydroxyäthylgruppe in hydroxyäthylierter Stärke durch eine gaschromatographische Pyrolysemethode. Tai, H., Powers, R.M. und Protzman, T.F. Analytic.Chem. 36. 108-10 (1964) - Ref. C. 1965. 9-1997.

Stärke-Vinylierung. Ermittlung der optimalen Bedingungen auf Grund eines Reaktionsdiagramms. Berry, J.W., Tucker, H. und Deutschman, A.J. jr. Ind.Engng.Chem.Proc.Dosign Developm. 2. 318-22 (1963) - Ref.J.Chem.(russ.) 1964. 8 R368. C.A. 59. 11746c (1963). C. 1965. 41-2876.

Polyoxyäthylen-Äther von einigen Polyol-Glykosiden und deren Fettsäure-Ester. Otey, F.H., Mehltretter, C.L. und Rist, C.E. Amer. Oil Chem.Soc.J. 40. 76-78 (1963).

Stärkeäther für einen großen Viskositätsbereich. Paper Trade J. 145. Nr.11. 56-57 (1961) - Ref. Stärke 14. 299 (1962).

Darstellung und Eigenschaften von hydroxyäthylierter hoch-amylosiger Maisstärke. Rankin, J.C., Rall, J.G., Russel, C.R. und Senti, F.R. Cereal Chem. 37. 656-70 (1960) - Ref. C. 1961. 12296. C.A. 55. 7688b (1961). Stärke 13. 100 (1961).

Hydroxyäthylierte Getreidemehle. Rankin, I.C., Mehltretter, C.L. und Senti, F.R. Cereal Chem. 36. 215-227 (1959) - Ref. C. 1960. 15251. C.A. 53. 14551h (1959).

Hydroxyäthyläther der Stärke und andere Stärkeäther. Hjermstad, E. T. in: Industrial gums: polysaccharides and their derivatives, herausgeg.von R.L. Whistler und J.N. BeMiller, S. 727-40. Academic Press, New York and London 1959.

Herstellung von Phenylhydroxyäthyl-Derivaten von Polyvinylalkohol und Stärke. Merle, Y. C.R.hebd.Séances Acad.Sci. 249. 2560-61 (1959) - Ref. Stärke 12. 314 (1960). C. 1963. 920.

Bestimmung von Hydroxyalkyl-Gruppen in Nieder-Substituierten-Stärkeäthern. Lortz, H.J. Analytic.Chem. 28. 892-895 (1956) - Ref. C.A. 50. 10432i (1956). C. 1957. 12858.

Einige Äther der Cellulose und der Stärke. Sönnerskog, Sven. Acta polytechn. (Stockholm) Nr. 157. Chem.includ.Metallurgy Ser.4. 1-72 (1954) - Ref. C. 1956. 10358.

Einige Äther von Cellulose und Stärke. Sönnerskog, Sven H. Separate, Antonsons GBG 1952. 5-72 (engl.) - Ref. C.A. 48. 5487g (1954).

<u>Quantitative Bestimmung von Stärkeäthern</u>. Snijders, C.J. Chem. Weekbl. <u>47</u>. 74 (1951) - Ref. C. <u>1956</u>. 14138, Stärke <u>4</u>. 247 (1952).

<u>Über einige neue Äther der Stärke</u>. Schorygin, P.P., Makarowa-Semljanskaja, N.N., Bilenko, R.L., Derewitzkaja, W.A. u. Schematenkowa, W. Chem.J.Ser.A.J.allg.Chem.(russ.) <u>8</u>. 1910-17 (1938) - Ref. C. <u>1939</u>. II. 420.

<u>Über die Herstellung von Stärkeglycerolat</u>. Ganino, G. Boll.chim. farmac. <u>76</u>. 185-86 (1937) - Ref. C. <u>1937</u>. II. 624.

<u>Herstellung von Stärkeglycerolat</u>. Carini, L. Giorn Chimici <u>31</u>. 110. (1937) - Ref. C. <u>1937</u>. II. 624.

<u>Herstellung von Stärkeglycerolat</u>. Cima, Giulio. Boll.chim.farmac. <u>75</u>. 612-13. (1936) - Ref. C. <u>1937</u>. I. 3827.

<u>Über Stärkeglycerolat, und seine Herstellung im Autoklaven</u>. Ganino, G. Boll.chim.farmac. <u>75</u>. 465-67 (1936) - Ref. C. <u>1937</u>. I. 1729.

<u>Ein Verfahren zur Bereitung von Stärkeglycerit</u>. Geiler, F.L. J. Amer.pharmac. Assoc. <u>23</u>. 810-11. (1934) - Ref. C. <u>1935</u>. I. 2846.

<u>Über Äther von Polysacchariden mit Oxysäuren</u>. Chowdhury, J.K. Biochem.Z. <u>148</u>. 76-97 (1924) - Ref. C.A. <u>19</u>. 640 (1925). C. <u>1924</u>. II. 622-623. W.Ref. 1094.

6112. Patente

<u>Gel-bildende Polysaccharid-Derivate</u>. Vaessen-Schoemaker Holding N.V. Holl.P. 6 400 368 ausg. 24/7. 1964. D.Prior. 23/1. 1963. - Ref. C.A. <u>62</u>. 2906b (1965).

<u>Phosphonium-Stärkeäther</u>. National Starch and Chemical Corp. (Erfinder: Aszalos, A.) A.P. 3 077 469., ausg. 12/2. 1963. - Ref. C.A. (M.) <u>59</u>. 3000e (1963). C. <u>1965</u>. 22-2954.

<u>Polyoxyalkyläther abgebauter Stärke und deren Herstellungsweise</u>. United States of America as represented by the Secretary of Agriculture. A.P. 3 165 508 vom 13/4. 1962., ausg. 12/1. 1965. - Ref. Stärke <u>17</u>. 360 (1965).

<u>Stabilisieren von Stärkeäthern</u>. Hercules Powder Co. (Erfinder: Brobst, R.A.) Aust.P. 245 785 vom 16/2. 1961., ausg. 1/8. 1963. A.Prior. 21/3. 1960., id.mit A.P. 3 049 538. - Ref. C. <u>1965</u>. 27-3011.

<u>Verwendung von Chelat bildenden Agenzien bei der Darstellung von schlammfreien Hydroxyalkyläthern von Stärke</u>. A.E.Staley Manufg. Co. (Erfinder: Tuschhoff, J.V.) A.P. 3 176 007 vom 15/6. 1961., ausg. 30/3. 1965. - Ref. C.A. <u>62</u>. 14918d (1965).

<u>Ein Verfahren zur Herstellung von Stärkeäthern</u>. Sibuya, S. und Katsuya, N. Japan.P. 3699 ('61) ausg. 21/4. 1961. - Ref.J.Chem. (russ.) <u>1962</u>. 13 N336.

<u>Sulfonium-Stärkeäther</u>. National Starch and Chemical Corp. (Erfinder: Rutenberg, M.W. und Volpe, J.L.) A.P. 2 989 520., ausg. 20/6. 1961. - Ref. C.A. <u>55</u>. 22878b (1961). Ref.J.Chem.(russ.) <u>1962</u>. 13 N337. C. <u>1964</u>. 2448.

Natrium-Stärkeglycolat. Nippon Oils & Fats Co., Ltd. (Erfinder: Hayashi, I.) Japan.P. 5298 ('61) ausg. 20/5. 1961. - Ref. C.A. 55. 27930c (1961). Ref.J.Chem.(russ.) 1962. 12 N335.

Vernetzte Stärkeäther. Anheuser-Busch, Inc. (Erfinder: Commerford, J.D. und Ehrenthal, I.) A.P. 2 977 356 ausg. 28/3. 1961. - Ref. C.A. 55. 19289b (1961). Stärke 14. 432 (1962). Ref.J. Chem.(russ.) 1962. 9 N345. C. 1963. 3425.

Stärkeäther. Staley A.E., Mfg.Co.,übert.von: Wolff, H. A.P. 2 923 707 vom 24/6. 1958., ausg. 2/2. 1960. - Ref. C.A. 54. 11525a (1960). C. 1961. 2835. Ref.J.Chem.(russ.) 1961. 20 N237.

Verfahren zur Stabilisierung von Stärkeäthern. Hercules Powder Comp. A.P. 3 049 538 vom 21/3. 1960., ausg. 14/8. 1962. - Ref. Stärke 16. 169 (1964). Ref.J.Chem.(russ.) 1964. 10 R335. C.A. 58. 651e (1963).

Wasserlöslichkeit von Polysaccharidäthern. Hercules Powder Co. (Erfinder: Geurden, R.M.) A.P. 3 077 468 vom 22/12. 1960., ausg. 12/2. 1963. - Ref. C. 1965. 16-2942.

Kohlehydratäthermischungen zur Herstellung polymerisationsfähiger Lösungen. Kalle A.-G. (Erfinder: Klendauer, W. und Voss, J.) D.A.S. 1 125 645 Kl. 39b vom 26/3. 1960., ausg. 15/3. 1962. - Ref. C.A. 57. 2413i (1962).

Hydroxyalkyl-Stärken. Hercules Powder Co. (Erfinder: Klug, E.D.) A.P. 3 033 853 vom 15/4. 1959., ausg. 8/5. 1962. - Ref. C.A. 57. 2484c (1962). Ref.J.Chem.(russ.) 1963. 22 R329. Stärke 16. 169 (1964). C. 1964. 41-2528.

Herstellung von salzfreien Amyloseäthern, deren Äthergruppen keine ionisierbaren Gruppen enthalten. Coöperatieve Verkoopen Productievereniging van Aardappelmeel en Derivaten "Avebe" G.A. (Erfinder: Muetgeert, J., Schors, A. und Hiemstra, P.) D.A.S. 1 184 332 Kl. 12o vom 3/2. 1959., ausg. 31/12. 1964. Holl.Prior. 4/2. 1958. id.mit E.P. 869 192. - Ref. C. 1965. 30-2974.

Wasserlösliche Amyloseäther. Coöperatieve Verkoop-en Productievereniging van Aardappelmeel en Derivaten "Avebe" G.A. E.P. 869 192 vom 4/2. 1959., ausg. 31/5. 1961. Holl.Prior. 4/2. 1958. id.mit F.P. 1229 758 u. D.A.S. 1 184 332. - Ref. C. 1963. 5291. C.A. 55. 22878d (1961).

Carboxylat-Vinyl- und Carboxyvinyl-Äther von Polysacchariden. Monsanto Chemical Co. (Erfinder: Miller, L.A.) A.P. 3 022 288 vom 29/6. 1959., ausg. 20/2. 1962. - Ref. C.A. 57. 3553f (1962).

Unverkleisterte Stärkeäther. A.E.Staley Manufg.Co. (Erfinder: Gill, L.O. und Wagoner, J.A.) A.P. 3 014 901 vom 5/8. 1959., ausg. 26/12. 1961. - Ref. C.A. 56. 7564h (1962). Ref.J.Chem.(russ.) 1963. 7 R276. C. 1965. 39-3182.

Verfahren zur Herstellung eines Carboxylalkyläther-Derivats. A.E. Staley Manufg.Co. (Erfinder: Taylor, K.G.) A.P. 3 071 573 vom 1/6. 1959., ausg. 1/1. 1963. - Ref.J.Chem.(russ.) 1964. 20 R293 C. 1965. 51-2870.

Wasser- und alkohollösliche thermoplastische Stärkeäther. National Starch and Chemical Corp. (Erfinder: Jarowenko, W.) A.P. 2 996 498 vom 5/1. 1959., ausg. 15/8. 1961. - Ref. C.A. 56. 1658i (1962). Ref.J.Chem.(russ.) 1962. 23 N396. C. 1965. 35-2906.

Propionamid-Äther von Stärke. Corn Products Co. (Erfinder:Paschall, E.F.). A.P. 3 033 852 vom 29/1.1958., ausg. 8/5.1962. - Ref.C.A. 57. 12776b (1962), Ref.J.Chem.(russ.) 1964. 3 R 315, C. 1964. 41-2526.

Hydroxyäthylierte Mehle. U.S.Dept. of Agriculture (Erfinder: Lancaster, E.B.). A.P. 3 031 319 vom 18/11.1958., ausg. 24/4.1962. - Ref.C.A. 57. 2483d (1962).

Verfahren zur Herstellung von Stärkeoxyfettsäureäthern. Phrix-Werke AG. D.A.S. 1 044 056 Kl. 12o vom 9/8.1957, veröff. 20/11.1958. - Ref.Stärke 10. 326 (1958), C. 1959. 11753, C.A. 55. 3459h (1961).

Herstellung von Stärkeäthern. Ajinomoto Kabushiki Kaisha (Erfinder: Shibuya, S., Katsuya, N., Takahashi, R., Yoshida, T., Kojima, T. und Hashimoto, Y.). Jap.A.S. 3 699/1961 vom 31/12.1957., ausg. 21/4.1961. - Ref.C. 1963. 17152.

Oberflächenaktive Glukoseäther. Universal Oil Products Co. (Erfinder: Pollitzer, E.L.). A.P. 2 974 134 vom 2/12.1957., ausg. 7/3.1961. - Ref.Stärke 14. 432 (1962), C. 1963. 3432.

Carbamyläthylstärke. American Cyanamid Co., übert.von: Stephens, J.R. und Rapoport, L. A.P. 2 938 026 vom 29/7.1957., ausg.24/5. 1960. - Ref.C. 1961. 8145, Stärke 14. 185 (1962).

Herstellung alkylierter Stärke. Corn Products Refining Co. (Erfinder: Kerr, R.W.). F.P. 1 149 562 vom 20/4.1956., ausg. 27/12. 1957. A.Prior. 26/1.1956. - Ref.C. 1959. 6321.

Stärkeäther. Penick & Ford, Ltd., Inc. (Erfinder: Hjermstad, E.T. und Kesler, C.C.). A.P. 3 062 810 vom 22/10.1956., ausg. 6/11. 1962. - Ref.C.A.(M.) 58. 3593c (1963), C. 1965. 10-2760, Ref.J. Chem. (russ.) 1965. 1 R237.

Verfahren zur Herstellung von Äthyläthern der Stärke in Form von ungequollenen Körnern. Corn Products Refining Co. (Erfinder: Kerr, R.W.). A.P. 2 858 305 vom 26/1.1956, ausg. 28/10.1958. - Ref.J.Chem. (russ.) 1960. Nr. 15316, C.A. 53. 4786h (1959).

Hydroxyalkylierung von unverkleisterten Stärken und Dextrinen in wässerigen, wassermischbaren Alkoholen. Penick & Ford Ltd. Inc. (Erfinder: Kesler, C.C. und Hjermstad, E.T.). A.P. 2 845 417 vom 6/10.1955., ausg. 29/7.1958. - Ref.C.A. 53. 2657i (1959), Ref.J.Chem. (russ.) 1960. Nr. 15315, C. 1959. 10750.

Leicht wasserlösliche celluloseäthercarbonsaure beziehungsweise stärkeäthercarbonsaure Alkalisalze. E.I. du Pont de Nemours & Co. (Erfinder: Apple, R.S. und Nichols, O.U.). E.P. 781 209 vom 28/3.1955., ausg. 14/8.1957. A.Prior. 29/3.1954. - Ref.C. 1959. 1980.

Polymerisierte Stärkeäther mit hoher Viscosität. Yasumura, N., Ajichi, T. und Kitabayashi, H. Japan.P. 8 738 ('55) 29/11. - Ref.C.A. 51. 18666d (1957).

Verätherung von Stärke. Blattmann & Co. (Erfinder: Stärkle, M. und Meier, E.). A.P. 2 698 936 ausg. 4/1.1955. - Ref.Stärke 7. 295 (1955), C.A. 49. 4314i (1955).

Wasserunlösliche organische Pigmente. Badische Anilin- & Soda-Fabrik (Erfinder: Schöller, C.). D.B.P. 909 569 Kl. 12o vom 29/12.1951., ausg. 22/4.1954. - Ref.C.A. 52. 8597i (1958), C. 1956. 2037.

Herstellung von Stärkeäthern. National Starch Products, Inc. Holl.P. 102 330 vom 10/6. 1954., ausg. 17/9. 1962. A.Prior. 10/6. 1953; id.mit E.P. 765 880. - Ref. C. 1963. 17153.

Herstellung von Stärkeäthern. Corn Products Refining Co. E.P. 777 058 vom 28/5. 1954., ausg. 19/6. 1957. Belg. Prior. 7/12. 1953. - Ref. C. 1958. 10519.

Nichtvernetzte Stärkeäther. Corn Products Refining Co., übert. von: E.F. Paschall. A.P. 2 806 857 vom 22/4. 1954., ausg. 17/9. 1957. - Ref. C. 1958. 10519.

Herstellung von Stärkeäthern. National Starch Products, Inc. E.P. 765 880 vom 22/3. 1954., ausg. 16/1. 1957. A.Prior. 10/6. 1953. id.mit Holl.P. 102 330. - Ref. C. 1958. 7909.

Verätherung von Kohlenhydraten. Müller, E.R. und Nauclér, B.R.J. Schwed.P. 144 019 vom 9/2. 1954. - Ref. C.A. 49. 4016g (1955). C. 1956. 13890.

Herstellung von fester, granulierter, wasserlöslicher Oxyalkylstärke. Union Carbide & Carbon Corp. (Erfinder: A.E. Broderick) D.A.S. 1 019 288 Kl. 12o vom 11/5. 1954, veröff. 14/11. 1957. A.Prior. 19/5. 1953. - Ref. C. 1958. 6719. Stärke 10. 22 (1958). C.A. 54. 15974a (1960).

Verfahren zur Herstellung von oxyalkylierten Derivaten. Petrolite Corp. (Erfinder: Monson, L.T. und Dickson, W.J.) A.P. 2 854 447 vom 4/6. 1953., ausg. 30/9. 1958. - Ref. C. 1960. 5684.

Herstellung von Stärkeäthern. Corn Products Refining Co. It.P. 508 564 vom 3/9. 1953. E.Prior. 13/3. 1953. id.mit E.P. 741 742 - Ref. C. 1961. 8145.

Herstellung von Stärkeäthern. Corn Products Refining Co., übert. von: R.W. Kerr u. K.C. Hobbs E.P. 741 742 vom 13/3. 1953., ausg. 14/12. 1955. - Ref. C. 1956. 9051. C.A. 51. 3168a (1957).

Lösliche Stärkeäther. Sarui, K. und Akiyama, Y. Japan.P. 697 ('53) 18/2. - Ref. C.A. 48. 2093g (1954).

Herstellung von Oxalkyläthern der Cellulose oder Stärke. Union Carbide & Carbon Corp.,übert.von: Benedict, D.B. und Broderick, A.E. E.P. 744 276 vom 7/9. 1953., ausg. 1/2. 1956. A.Prior. 8/9. 1952. - Ref. C. 1956. 13002. C.A. 50. 11016d (1956).

Nichtgelatinierende kaltwasserlösliche Stärkeäther. National Starch Products Inc. (C.G.Caldwell u.I. Martin) A.P. 2 802 000 vom 13/8. 1953., ausg. 6/8. 1957. - Ref. C.A. 51. 17215b (1957) C. 1959. 2985.

Verätherung von Stärke. Corn Products Refining Co., übert. von: Hobbs, K.C. A.P. 2 801 241 vom 2/7. 1953., ausg. 30/7. 1957. - Ref. C. 1959. 2985. C.A. 51. 18666g (1957).

Verfahren zur Herstellung von Stärkeäthern. Corn Products Refining Co. A.P. 2 801 248 vom 2/7. 1953., ausg. 30/7. 1957. - Ref. Stärke 10. 327 (1958).

Stärkeätherderivate. Verfahren zur Herstellung von Stärkeäthern und auf diese Weise hergestellte neue Stärkeäther. Penick & Ford, Ltd.Inc., übert.von: Hjermstad, E.T. und Kesler, C.C. A.P. 2 773 057 vom 20/2. 1952., ausg. 4/12. 1956. - Ref. C.A. 51. 4746c (1957). C. 1958. 5824.

Über die Herstellung von Stärkederivaten (Äthern) aus industriellen Abfällen. Tóth, Jeno Yearbook Inst.Agr.Chem.Technol.Univ. Techn.Sci. Budapest,Hung. 1952. III-1954. VIII. 202-205. - Ref. C.A. 49. 14356h (1955). Stärke 7. 314 (1955).

Hydroxyalkylierung von Polysacchariden. Union Carbide and Carbon Corp. (Erfinder: Benedict, D.B. und Broderick, A.E.) A.P. 2 744 894 vom 8/9. 1952., ausg. 8/5. 1956. - Ref. C.A. 50. 16865a (1956).

Verätherung von trockener Stärke. Corn Products Refining Co., übert. von: R.W. Kerr u. W.A. Faucette. A.P. 2 733 238 vom 23/2. 1951., ausg. 31/1. 1956. id.mit Can.P. 556 556. - Ref. C. 1957. 1309.

Verätherung von Stärke mit Amin-Katalysatoren. Corn Products Refining Co. (Erfinder: Kerr, R.W. und Faucette, W.A.) Can.P. 556 556 vom 5/7. 1951., ausg. 29/4. 1958. A.Prior. 23/2. 1951., id. mit A.P. 2 733 238. - Ref. C. 1962. 15797.

Oxalkyläther von Cellulose und Stärke. Union Carbide & Carbon Corp., übert. von: A.E. Broderick. A.P. 2 682 535 vom 28/11. 1950., ausg. 29/6. 1954. - Ref. C. 1955. 9697. C.A. 48. 11100a (1954).

Verfahren zur Herstellung von Ultra-Amylopektin. Höppler, F. D.P. (DDR) 4390 Kl.89k vom 16/4. 1950., ausg. 4/5. 1953.(Ausschließungspatent) - Ref. Stärke 5. 302 (1953). C. 1955. 4475.

Stärkeäther. Balassa, Ladislaus A.P. 2 588 463 vom 14/6. 1950., ausg. 11/3. 1952. - Ref. C.A. 46. 4830d (1952). C. 1954. 3592.

Reine, wasserfreie Alkylstärke. U.S.A, übert. von: Thomas J.Dietz, Philadelphia u. J.E. Hansen, North Wales Pa. A.P. 2 510 089 vom 21/6. 1949., ausg. 6/6. 1950. - Ref. C. 1951. I. 943.

Verätherung von hydroxylgruppenhaltigen Polymeren. United States Rubber Co.,übert.von: D.L. Schoene u. V.S. Chambers A.P. 2 539 704 vom 7/7. 1948., ausg. 30/1. 1951. - Ref. C. 1953. 3334.

Unverkleisterte, in kaltem Wasser lösliche Stärkeäther. National Starch Products Inc. E.P. 713 750 vom 15/6. 1950., ausg. 13/3. 1951. - Ref. Stärke 7. 128 (1955). C.A. 49. 7880a (1955).

Herstellung von in organischen Lösungsmitteln löslichen Äthern von Stärke und Kohlenhydraten. Nichols, P.L. und Hamilton, R.M. F.P. 961 458 vom 19/2. 1948., ausg. 12/5. 1950. A.Prior. 20/1. 1944. - Ref. C. 1951. I. 943.

Herstellung von Stärkemischäthern. Hamilton, Robert Moris und Yanovsky, Elias. F.P. 954 702 vom 27/10. 1947., ausg. 30/12. 1949. A.Prior. 25/3. 1946. - Ref. C. 1950. II. 1058.

Herstellung von Stärkeäthern in Körnchenform. Penick & Ford Ltd. Inc., übert. von: C.C. Kesler und E.T. Hjermstad A.P. 2 516 634 vom 13/8. 1947., ausg. 25/7. 1950. - Ref. C. 1951. I. 3276. Stärke 4. 11 (1952).

Herstellung von Stärkeäthern in Körnchenform. Penick & Ford Ltd. übert. von: C.C. Kesler und E.T Hjermstad A.P. 2 516 633 vom 10/4. 1947., ausg. 25/7. 1950. - Ref. C. 1951. I. 3276.

Hochviscose Stärkeoxyfettsäureäther. General Mills Inc., übert. von: A. Moe A.P. 2 523 709 vom 18/7.1946., ausg. 26/9. 1950. - Ref. C. 1951. II. 2125. Stärke 4. 104 (1952).

Herstellung von Stärkeäthern in Körnchenform. Penick & Ford Ltd. Inc., übert.von: C.C. Kesler und E.T. Hjermstad A.P. 2 516 632 vom 7/8. 1946., ausg. 25/7. 1950. - Ref. C. 1951. I. 3276.

Herstellung von Carboxalkyläthern von Stärkegummi. General Mills, Inc., übert.von: Moe, Owen A. A.P. 2 477 544 vom 25/8. 1945., ausg. 26/7. 1949. - Ref. C. 1949. E. 1644.

Herstellung von in organischen Lösungsmitteln löslichen ungesättigten Kohlenhydratäthern. Hamilton, Robert M. und Nichols, Peter L.jr. A.P. 2 406 369 vom 20/1. 1944., ausg. 27/8. 1946. - Ref. C. 1947. 789.

Herstellung von Stärkeäthern. Vereinigte Staaten v. Amerika, übert. von: Nichols, P.L. u. Hamilton, Rob.M. A.P. 2 405 973 vom 20/1. 1944., ausg. 20/8. 1946. - Ref. C. 1947. 947.

Verfahren zur Herstellung von Kohlenhydratäthern. Kalle & Co., A.-G. (Erfinder: Voss,J.) D.B.P. 922 886 Kl.12o vom 18/2. 1941., ausg. 27/1. 1955. - Ref. Stärke 7. 37 (1955). Stärke 7. 218 (1955).

Herstellung von wasserunlöslichen, alkalilöslichen Aralkylderivaten der Cellulose, Stärke und ähnlicher Kohlenhydrate. I.G. Farbenindustrie Akt.-Ges. (Erfinder: Dörr. D.R.PP. 683 568 vom 4/5. 1934., ausg. 9/11. 1939. u. 703 003Kl. 12 ovom 25/10. 1934., ausg. 25/2. 1941. - Ref. C. 1941. I. 2757.

Die Benzyläther von Polysacchariden. I. Die Benzyläther von Stärkepräparaten verschiedener Herkunft. Asahina, Tei-ichi und Nara Gengo Bull.chem.Soc.Japan 9. 530-34. (1934) - Ref. C. 1935. I. 2824.

Herstellung von gereinigten Polysaccharidäthern. Lilienfeld, Leon. E.P. 427 386 vom 17/7. 1933., ausg. 23/5. 1935. F.P. 779 065 vom 17/7. 1934., ausg. 29/3. 1935. E.Prior. 17/7. 1933. - Ref. C. 1936. I. 3431.

Herstellung unlöslicher und nichtschmelzender benzylierter Stärke. Moxorow, B.W. und Andranow, K.A. Russ.P. 39 098 vom 22/12. 1933., ausg. 31/10. 1934. - Ref. C. 1935. II. 3169.

Gemischte Aether von Kohlenhydraten, z.B. von Cellulose oder Stärke. I.G. Farbenindustrie Akt.-Ges. F.P. 684 330 vom 4/11. 1929., ausg. 24/6. 1930. D.Prior. 6/11. 1928. - Ref. C. 1931. I. 1698.

Verfahren zur Darstellung von Äthern der Cellulose, der Stärke o. dgl. I.G. Farbenindustrie Akt.-Ges. Oe.P. 127 780 vom 19.7. 1927., ausg. 11/4. 1932. - Ref. C. 1932. II. 1991.

Verfahren zur Darstellung von Celluloseäthern. I.G. Farbenindustrie Akt.-Ges. (Erfinder: G. Balle. D.R.P. 494 917 Kl. 12 o vom 16/5. 1924., ausg. 3/4. 1930. - Ref. C. 1930. II. 842.

Äther des Triphenylcarbinols mit Cellulose und Stärke. Helferich, Burkhardt und Koester, Hans. Ber.dtsch.chem.Ges. 57. 587-91 (1924) - Ref. C. 1924. I. 2104.

Verfahren zur Herstellung von Äthern der Kohlenhydrate, wie Cellulose, Stärke, Dextrin. Lilienfeld, Leon F.P. 538 778 vom 2/5.. 1921., ausg. 1/4. 1922. - Ref. C. 1922. IV. 248.

Verfahren zur Darstellung von Äthern der Kohlenhydrate von Typus der Cellulose, Stärke, des Dextrins und dgl. Lilienfeld, Leon D.R.P. 475 884 Kl. 12o vom 27/4. 1921., ausg. 6/5. 1929. - Ref. C. 1929. II. 237.

Verfahren zur Herstellung von Äther der Cellulose und anderer Kohlenhydrate. Lilienfeld, L. E.PP. 163 016, 163 017, 163 018 vom 12/5. u. 13/5. 1930, ausg. 2/6. 1921. - Ref. C. 1921. IV. 586.

Alkyläther von Stärke. West, C. Paper (New York) 27. Oct.6; 16, 36 (1920) - W.Ref. 1089.

Verfahren zur Darstellung von Alkyläthern der Stärke, des Dextrins und ähnlicher Kohlehydrate. Lilienfeld, Leon D.R.P. 360 415 vom 27/1. 1914., ausg. 2/10. 1922. - Ref. C. 1923. II. 264.

Verfahren zur Darstellung neuer Derivate der Kohlenhydrate $(C_6H_{10}O_5)n$ und ihrer Abkömmlinge. Lilienfeld, Leon. Oe.P. 82 866 vom 14/2. 1913., ausg. 20/2. 1921. - Ref. C. 1921. IV. 40.

6113. N enthaltende Äther

(Vgl. auch "N-haltige Stärkeverbindungen": 673)

Cyanoäthylierte Stärke und Dextrine für Überzugsbindemittel. Yeates, T.E., Carr, M.E., Mehltretter, C.L. und Hofreiter, B.T. Tappi 48. 509-12 (1965) - Ref. C.A. 63. 15083g (1965).

Amidoalkylstärke-Äther. National Starch and Chemical Corp. E.P. 968 783 ausg. 2/9. 1964., A.Prior. 22/12. 1961. - Ref. C.A. 62. 7987d (1965).

Verkleisterbare Cyanoäthyläther der Stärke. Corn Products Co. (Erfinder: Paschall, E.F. und Minkema, W.H.) A.P. 2 965 632 ausg. 20/12. 1960. - Ref. C.A. 55. 8906d (1961). C. 1962. 14710. Stärke 14. 433 (1962). Ref.J.Chem.(russ.) 1962. 2 N392.

Cyanoäthyl-Äther von Stärke. Monsanto Chemical Co. E.P. 808 290 ausg. 4/2. 1959. - Ref. C.A. 53. 9708c (1959).

Herstellung von β-Hydroxypropionsäureamidäthern der Stärke. Corn Products Co. (Erfinder: Paschall, E.F.) A.P. 2 928 827 vom 9/5. 1958., ausg. 15/3. 1960. - Ref. Stärke 13. 454 (1961). Ref. J.Chem.(russ.) 1961. 12 N427.

Cyanoäthyläther. Monsanto Chemical Co., übert.von: Journeay, G.E. A.P. 2 842 541 ausg. 8/7. 1958. - Ref. C.A. 52. 15908h (1958). C. 1959. 10763.

Unlösliche Cyanäthyl-Äther von Stärke. "Montecatini" Società generale per l'industria mineraria e chimica (Erfinder: Caldo, C.) It.P. 559 402 ausg. 21/3. 1957. - Ref. C.A. 53. 7041e (1959) C. 1964. 11-2806.

Amino-Äther der Stärke. American Maize-Products Co. (Erfinder: Hullinger, C.H. und Yui, N.H.) A.P. 2 970 140 vom 9/8. 1957., ausg. 31/1. 1961. - Ref. C.A. 57. 2483b (1962).

Herstellung von gelatinierbaren, nichtvernetzten Stärkeaminoalkyläthern. Corn Products Co. (Erfinder: Paschall, E.F.) D.A.S. 1 189 967 Kl.120 vom 15/12. 1956., ausg. 1/4. 1965. A.Prior. 20/12. 1955. - Ref. C. 1966. 14-2485. C.A. 63. 779b (1965).

Herstellung von gelatinierbaren, nichtvernetzten Stärkeaminoalkyläthern. Corn Products Co. (Erfinder: Paschall, E.F.) D.A.S. 1 189 966 Kl. 12o vom 15/12. 1956., ausg. 1/4. 1965. A.Prior. 20/12. 1955. - Ref. C. 1966. 14-2485. C.A. 63. 779d (1965).

Cyanäthylstärkeäther. Monsanto Chemica Co. (Erfinder: Thomas Earl Sample) F.P. 1 141 348 vom 16/2. 1956., ausg. 30/8. 1957. A. Prior. 17/2. 1955. - Ref. C. 1958. 2515.

Kaltwasserlösliche Aminoalkyläther der Stärke. National Starch & Chemical Corp., übert.von: Caldwell, C.G. und Wurzburg, O.B. A.P. 2 917 506 vom 21/11. 1956., ausg. 15/12. 1959. - Ref. C. 1960. 15932.

Kolloide Systeme von cyanäthylierter Stärke. Monsanto Chemical Co., übert.von: Sample, Th.E. A.P. 2 837 438 vom 3/1. 1956., ausg. 3/6. 1958. - Ref. C. 1959. 11753. C.A. 52. 15085a (1958)

Kolloide Systeme von cyanäthylierter Stärke. Monsanto Chemical Co., übert.von: Sample, Th.E. A.P. 2 836 512 vom 18/10. 1956., ausg. 27/5. 1958. - Ref. C. 1959. 11753. C.A. 52. 19200a (1952).

Kolloide Systeme von cyanäthylierter Stärke. Monsanto Chemical Co. übert. von: Sample, Th.E. A.P. 2 836 511 vom 17/10. 1956., ausg. 27/5. 1958. - Ref. C. 1959. 11753. C.A. 52. 19199d (1958).

Unverkleisterte tertiäre Aminoalkyl-Äther von amylosehaltigen Materialien. National Starch Products Inc. (Caldwell, C.G. u. Wurzburg, Otto B.) A.P. 2 813 093 vom 10/6. 1953., ausg. 12/11. 1957. - Ref. C.A. 52. 2438e (1958).

612. Methylstärken
(Auch Patente)

Eine Untersuchung von Carboxymethyl-Stärken in der Ultrazentrifuge. Tomita, S. und Terajima, K. J.agric.chem.Soc.Japan 39. 144-49 (1965) - Ref. C.A. 63. 13550g (1965).

Methylierung. Hay, G.W., Lewis, B.A. und Smith, F. in: Whistler, R.L. u.a., Methods in Carbohydrate Chem. Vol.IV., Academic Press 1964. S.306-310.

Verteilung von Methylgruppen in teilweise methylierten Stärken. Doane, W.M., Smith, N.L., Russell, C.R. und Rist, C.E. Stärke 17. 225-26 (1965).

Methylierung von Polysacchariden mit Dimethylsulfat. Srivastava, H.C., Singh, P.P., Harshe, S.N. und Virk, K. Tetrahedron Letters (London) 1964. Nr.10. 493-98. - Ref. C. 1964. 48-0929.

Untersuchung der Carboximethylstärke. Ikeda, S. J.technol.Soc. Starch (Japan) 10. 74-78 (1963) - Ref.J.Chem.(russ.) 1963. 23 R303.

Verminderung der Viskosität einer wässrigen Lösung von Carboxymethylstärke. Nishiuchi, T. Nippon Shokuhin Kogyo Gakkaishi 10. 136-38 (1963) - Ref. C.A. 63. 778c (1965).

Methylierung von Kohlenhydraten. Eine einfache Methode zur Methylierung von Polysacchariden. Srivastava, H.C., Harshe, S.N. und Prem Pal Singh. Tetrahedron Letters (London) 1963. 1869-73. - Ref. C. 1964. 23-0988.

Die Erniedrigung der Viskosität einer wässerigen Lösung von Carboxymethylstärke. Nisiuti, T. J.Food Sci.Technol. 10. 136-38 (1963) - Ref.J.Chem.(russ.) 1964. 1 R324.

Völlige Methylierung von reduzierenden Kohlenhydraten. Walker, H.G. jr. Gee, M. und McCready, R.M. J.org.Chemistry 27. 2100-02 (1962) - Ref. C.A. 57. 4741d (1962).

Hochamylosige Carboxymethyl-Stärke. Sloan, J.W., Mehltretter, C.L. und Senti, F.R. J.chem.Engng.Data 7. 156-58 (1962) - Ref. C.A. 57. 2479d (1962). C. 1964 6/7-2806. Ref.J.Chem.(russ.) 1962. 15 N287.

Carboxymethylstärke. 1.Mitt. Bestimmung des durchschnittlichen Verätherungsgrades. Furukawa T., Yawata, T. und Kambara, H. J.technol.Soc.Starch (Japan) 9. 42-45 (1961) - Ref. Stärke 14. 440 (1962).

Carboxymethylierung von Stärke durch Monochloressigsäure (Gemisch organisches Lösungsmittel-wässrige Lösung von Ätznatron). Ssudsuki, Ch., Tadokoro, J. und Taketomi, N. J.technol.Soc. Starch (Japan) 9. 33-42 (1961) - Ref.J.Chem.(russ.) 1963. 10 R291.

Untersuchungen von Carboxymethyl-Stärke. 2.Mitt. Eigenschaften von Na-Carboxymethyl-Stärke. Ikeda, S. und Takeichi, K. J.technol. Soc.Starch (Japan) 9. 45-49 (1961) - Ref. Stärke 14. 439 (1962) Ref.J.Chem.(russ.) 1963. 10 R293.

Untersuchungen von Carboxymethyl-Stärke. 1.Mitt. Bestimmung des durchschnittlichen Verätherungswertes. Ikeda, S., Takeichi, K., Furukawa, T., Yawata, T. und Kanbara, H. J.technol.Soc.Starch (Japan) 9. 42-45 (1961) - Ref.J.Chem.(russ.) 1963. 10 R292.

Reduktion der Produkte bei der Perjodat-Oxydation. 10.Mitt. Untersuchung über die Methylierung an Amylopectin-Polyalkohol. Goldstein, I.J., Hamilton, J.K. und Smith, F. J.Amer.chem.Soc. 81. 6252-54 (1959) - Ref. C.A. 54. 7572a (1960). C. 1960. 13386.

Analytik und Anwendungstechnologie von Carboxymethylzellulosen. Wurz, E. Osterr.Chemiker-Ztg. 3/4. 41-45 (1958) - Ref. Stärke 14. 334 (1962).

Herstellung von wasserlöslichen Stärkederivaten durch Carboxymethylierung. Sakaguchi, Y. und Ishizu, I. J.Soc.Textile Cellulose Ind. (Japan) Sen-i Gakkaishi 14. 814-17 (1958) - Ref. C.A. 53. 1796a (1959). C. 1960. 16616.

Herstellung von α-Methylglucosid. Etat Francais (Erfinder: Roudier) F.P. 1 114 382 vom 16/9. 1954., ausg. 11/4. 1956. - Ref. C. 1957. 1535. C.A. 53. 8674a (1959).

Methylierung der Kohlenhydrate mit Diazomethan. Hough, L. und Jones, J.K.N. Chem.and Ind. 1952. 380. - Ref. C. 1952. 7026.

Methylierung und Äthylierung von Maisstärke, Amylose und Amylopektin in flüssigem Ammoniak. Hodge, J.E. und Karjala, S.A. u. Hilbert, G.E. J.Amer.chem. Soc. 73. 3312 (1951) - Ref. Stärke 3. 308 (1951). C.A. 46. 3010b (1952). C. 1956. 10023.

Carboxymethyläther aus Stärke und Polyuroniden. Pont De Nemours,E. I. du (übert.von: Filbert, Wm.F.) A.P. 2 599 620 vom 31/8. 1950., ausg. 10/6. 1952. - Ref. C.A. 46. 11732b (1952). C. 1954. 3592.

Physiologische Eigenschaften von Na-Carboxymethylstärke. Wang, C.C., Grossman, M.I. und Ivy, A.C. J.Nutrit. 40. 471-81 (1950).

Untersuchungen über Stärke. XXXVI. Mitt. Die Permethylierung von Lichenin. Meyer, K.H. und Gütler, P. Helv.chim.Acta 31. 100-03. (1948) - Ref. C. 1948. I. 1209.

Kohlenhydratallylester. 5.Mitt. Darstellung und Polymerisation von β-Methyläthern. Nichols, P.L, Wrigley, A.N. und Yanovsky, E. J.Amer.chem.Soc. 68. 2020-22 (1946) - Ref. C. 1946. II. 62.

Untersuchungen über Stärke. 29. Bestimmung der methylierten Zucker mit freien primären Alkoholgruppen. Jeanloz, R. Helv.chim. Acta 27. 1509-17 (1944) - Ref. C. 1945. I. 902.

Untersuchungen über Reaktionen von Kohlenhydraten und Polysacchariden. 65. Eine verbesserte Technik zur Fraktionierung von teilweise methylierten Glucosiden. Levi, Irving, Hawkins, L. und Hibbert, H. J.Amer.chem.Soc. 64. 1957-59 (1942) - Ref. C. 1945. I. 1373.

Untersuchungen über Reaktionen von Kohlenhydraten und Polysacchariden. 67. Synthese von methylierten Glucosederivaten. Evans, T.H. Levi, I., Hawkins, W.L. und Hibbert, H. Canad.J.Res., Sect. B. 20. 175-84 (1942) - Ref. C. 1945. I. 1374.

Die Acetolyse der methylierten Stärke. Peat, S. und Whestone, J. J.chem.Soc. (London) 1940. 276-80. - Ref. C. 1940. II. 501.

Über höchstmethylierte Stärke und die Frage ihrer Spaltzucker. Hess, Kurt. Schule, Hans Albrecht und Krajne, Boris. Ber. dtsch.chem.Ges. 73. 1069-76. (1940) - Ref. C. 1940. II. 3478.

Das viscosimetrische Verhalten von Methylstärkelösungen. Philippoff, W. und Hess, K. Ber.dtsch.chem.Ges. 71. 841-47 (1938) - Ref. C. 1938. I. 4649.

Methylierte Stärke. Freudenberg, Karl und Boppel, Hans Ber.dtsch. chem.Ges. 71. 2505-11 (1938) - Ref. C. 1939. I. 2203.

Zur Methylierung von Raffinose. Hess, Kurt und Lung, Kan-Hou. Ber. dtsch.chem.Ges. 71. 827-29 (1938) - Ref. C. 1938. I. 4648.

Trimethylstärke. VIII.Mitt. über Stärke. Hess, Kurt und Kan-Hou Lung Ber.dtsch.chem.Ges. 70. 1259-62 (1937) - Ref. C. 1937. II. 777.

Bemerkung über die Methylierung von Polysacchariden. Freudenberg, Karl und Boppel, Hans Ber.dtsch.chem.Ges. 70. 1542 (1937) - Ref. C. 1938. I. 74.

Glykogen. II. Methylierung und Acetylierung. Hughes, G.K.; Macbeth, A.K. und Winzor, F.L. J.chem.Soc. (London) 1932. 2026-31. - Ref. C. 1932. II. 1611.

Methylierte Tri- und Tetrasaccharide aus Cellulose und Stärke. Freudenberg, Karl und Friedrich, Karl. Naturwissenschaften 18. 1114. (1930) - Ref. C. 1931. I. 928.

Methylierungsversuche an Stärke. Schmid, Leopold und Zentner, Margot. Sitzungsber.Akad.Wiss.Wien math.-naturwiss.Kl.Abt.IIb. 137. 111-17 (1928) Mh.Chem. 49. 111-17 (1928) - Ref.C. 1928. II.1761

Methylierungsversuche bei Polysacchariden. Schmid, L. Ber.dtsch. chem.Ges. 58. 1963-65 (1925) - Ref. C. 1926. I. 890.

Beiträge zur Chemie der Stärke. 5.Mitt. Über Methyl- und Acetylprodukte der Polyamylosen. Pringsheim, Hans und Persch, Walter Ber.dtsch.chem.Ges. 55. 1425-1433 (1922) - Ref. C. 1922. III. 757. W.Ref. 644.

Über die Methylierung der Polyamylosen. (Beiträge zur Chemie der Stärke, 4.Mitt.) Pringsheim, Hans und Persch, Walter. Ber. dtsch.chem.Ges. 54. 3162-3168 (1921) - Ref. C. 1922. I. 321 W.Ref. 638.

613. Allylstärken
(Auch Patente)

Polymerisationsstudien an Allylstärke. Wilham, C.A., McGuire, T.A., Rudolphi, A.S. und Mehltretter, C.L. J.appl.Polymer Sci. 7. 1403-10 (1963) - Ref. C. 1964. 39-1043. C.A. 59. 6614b (1963).

Allylstärke - Ein Überblick. Yanovsky, E. U.S.Bur.Agr.and Ind. Chem., Circ.Ser. AIC-362. 24 pp. (1953) - Ref. C.A. 48. 12439b (1954).

Allylstärke. Nordgren, R., Baker, M.H. und Champlin jr.L. Paint, Oil chem.Rev. 114. Nr.2. 15-16 36-38 (1951) - Ref. C. 1956. 5696.

Über die polymerisierbaren Stärkederivate: Die Acylallylamidone. Chadapaux, Jean, Champeteier, Georges und Savostianoff, Eugène Bull.Soc.chim.France, Mém.(5)17. 594-96. (1950) - Ref. C. 1951. I. 2738.

Allylstärke. Chadapaux, J., Champetier, G. u. Savostianoff, E. Bull.Soc.chim.France,Mém.(5) 15. 185-90 (1948) - Ref. C. 1948. E. 1872.

Allylstärkeemulsion. Wrigley, A.N., Schwartz, J.H. und Sicilliano, James. Paint, Oil chem.Rev. 114. 40-41 (1951) - Ref. C. 1952. 5515. C.A. 46. 1266i (1952).

Allyldextrine. General Mills, Inc.,übert.von: J.R.Roach und R. Nordgren. A.P. 2 676 172 vom 4/8. 1950., ausg. 20/4. 1954. - Ref. C. 1955. 7802.

Benzylallylstärke und andere gemischte Allylstärkeäther. Talley, E.A., Schwartz, J.H., Hunter, A.S. u. Brown, C.A. Eastern Regional Research Laboratory, Philadelphia.Circular AJC-261. 1950. 7 S. - Ref. Stärke 3. 87 (1951).

Allylsaccharose, ein Veredlungsmittel für trocknende Öle. Zief, Morris. Paint Ind.Mag. 24. 268-74 (1949) - Ref. C. 1950. I. 796.

Halbtechnische Allystärkeerzeugung. Paper Trade J. 129. 14, (1949) - Ref. Stärke 1950. II. 91.

Herstellung von löslicher Allylostärke. Nichols, P.L.jr., Philip Elwood Meiss u. Elias Yanowski. F.P. 959 445 vom 8/1. 1948., ausg. 29/3. 1950. - Ref. C. 1951. I. 135.

Eigenschaften von Allylstärkeüberzügen. Dietz, T.J., Hansen, J.E. und Gallagher, M.E. Eastern Regional Research Laboratory, Philadelphia.Circular AJC-175 (1948) 8 S. - Ref. Stärke 3. 87 (1951).

In organischen Lösungsmitteln lösliche Allylstärke. Corn Products Refining Co., übert.von: K.G. Hobbs A.P. 2 615 885 vom 19/1. 1948., ausg. 28/10. 1952. - Ref. C. 1954. 3592. Stärke 5. 72 (1953).

Herstellung von Allylstärke. Corn Products Refining Co., (Erfinder: K.C. Hobbs) F.P. 975 284 vom 19/11. 1948., ausg. 2/3. 1951. A.Prior. 19/1. 1948. - Ref. C. 1953. 1097.

Lösliche Allylstärke. Nichols, P.L., Yanovski, E. u. Meiss, Philip, E. E.P. 656 249 vom 26/1. 1948., ausg. 15/8. 1951. A. Prior. 20/4. 1944. - Ref. C. 1953. 1573. C.A. 46. 2830a (1952).

Bereitung von Allylstärke. Talley, E.A., Hamilton, R.M., Schwartz, J.H., Brown, C.A. Yanowsky, E. U.S.Dep.Agric.ind.Chem.AIC-140. 5 (1947) - Ref. Stärke 2. 21 (1950).

In organischen Lösungsmitteln lösliche Allylstärke. United States of America, übert.von: Talley, E.A. u. Yanovsky, E. A.P. 2 635 099 vom 11/7. 1947., ausg. 14/4. 1953. - Ref. C. 1954. 3121. C.A. 48. 2093e (1954).

Herstellung löslicher Allystärke. United States of America, übert. von: Robert M. Hamilton u. Elias Yanovsky. A.P. 2 524 792 vom 11/7. 1947., ausg. 10/10. 1950. - Ref. C. 1951. II. 1369. Stärke 3. 323 (1951).

Bestimmung von Allylgruppen inPolyallylläthernund -estern. Boyd, Harold M. und Roach, J. Robert. Analytic.Chem. 19. 158-59. (1947) - Ref. C. 1947. 900.

Vulkanisieren von Allylstärke. Nichols jr.,P.L. und Hamilton, R. M. F.P. 954 646 vom 24/10. 1947., ausg. 28/12. 1949. A.Prior. 20/1. 1944. - Ref. C. 1950. II. 239.

Gemischte Allyläther der Stärke ohne freie OH-Gruppen. Hamilton, Robert Morris und Yanovsky, Elias. E.P. 653 798 vom 8/8. 1947., ausg. 23/5. 1951. A.Prior. 25/3. 1946. - Ref. C. 1952. 1096.

Gemischte Allyläther. der Stärke. Hamilton, R.M. und Yanovsky, E. Ind.Engng.Chem.Ind.Edit. 38. 964-66. (1946) - Ref. C. 1947. 340.

Gemischte Stärkeallyläther. United States of America, vertreten durch Secretary of Agriculture, übert. von: R.M. Hamilton u. E. Yanovsky. A.P. 2 463 869 vom 25/3. 1946., ausg. 8/3. 1949. - Ref. C. 1949. E. 1784. Stärke 2. 237 (1950).

Stärke-Allyläther, Darstellung und industrielle Möglichkeiten. Nichols, P.L., Hamilton, R.M., Smith, Lee T. u. Yanovsky, E. Ind.Engng. Chem.ind.Edit. 37. 201-202 (1945) - Ref. Stärke 3. 286 (1951) - C. 1946. II. 2484.

Methode für die Herstellung löslicher Allylstärke. United States of America, as represented by the Secretary of Agriculture. (Erfinder: Nichols, P.L., Meiss, P.E. und Yanovsky, E.) A.P. 2 413 463 vom 20/4. 1944., ausg. 31/12. 1946.

Die Allyläther verschiedener Kohlenhydrate. Tomecko, C.G. und Adams, R. J.Amer.chem.Soc. 45. 2698-2701 (1923) - Ref. C.A. 18. 1650 (1924). C. 1924. I. 1915., W.Ref. 1099.

614. Stärkeester (außer Acetylstärke)

6141. Herstellung, Eigenschaften
6142. Patente

6141. Herstellung, Eigenschaften

Verkleisterungsverhalten von Dicarboxylstärken, die aus vernetzter Maisstärke hergestellt wurden. Hofreiter, B.T., Bennie, J., Hamerstrand, G.E. und Mehltretter, C.L. J.Chem.Engng.Data 5. 480-83 (1960) - Ref. C.A. 55. 11890e (1961), Ref.J.Chem.(russ.) 1961. 13 N453. C. 1963. 20984.

Über die Veresterung von Stärke und Stärkefraktionen. Muetgeert, J., Hiemstra, P. und Bus, W.C. Stärke 10. 303-08 (1958) - Ref. C. 1959. 17535. C.A. 53. 9706g (1959).

Stärkeformiat. Wolff, I.A., Olds, D.W. und Hilbert, G.E. J.Amer. chem.Soc. 79. 3860-62 (1957) - Ref. C. 1958. 5690.

Benzoylieren von Stärke. Guilbot, A. und Drapron, R. 10.Congr. int.inds.agric.yaliment.Madrid 1954. 2379-90. - Ref. C.A. 50. 16146i (1956).

Polysaccharidarylcarbamate. 4.Mitt. Teilweise substituierte und verzweigte Stärkecarbamate. Wolff, I.A., Watson, P.R. und Rist, C.E. J.Amer.chem.Soc. 76. 757-59 (1954) - Ref. C. 1955. 6043 C.A. 49. 3028d (1955).

Polysaccharid-Arylcarbamate. 3. Mitt. Tricarbanilate von Polyglucosanen mit verschiedenen glucosidischen Bindungen. Wolff, I.A., Watson, P.R. und Rist, C.E. J.Amer.chem.Soc. 75. 4897-99 (1953) - Ref. C. 1954. 6252.

Polysaccharidarylcarbamate. 2.Mitt. Kernsubstituierte Tricarbanilate von Maisstärke, Maisamylose und -amylopektin. Wolff, I.A. Watson, P.R. und Rist, C.E. J.Amer.chem.Soc. 74. 3061-63 (1952) - Ref. C. 1953. 3895.

Ester der Stärke. Samec, M. 9.Congresso internacionale industrie Agrarie 1952.

Die Reaktion von Ameisensäure mit Kohlenhydraten. 2.Mitt. Polysaccharide: Eine neue Bestimmung der Accessibilität. Tarkow, H. und Stamm, A.J. J.physic.Chem. 56. 266-71 (1952) - Ref. C. 1954. 9535.

Über den Trinicotinsäureester der Stärke. Dumazert, C., Picard, D. und Ouachi, A.el C.R.Séances Soc.Biol.Filiales 146. 470-71 (1952) - Ref. C. 1956. 1361.

Triester von Maisstärke, Amylose und Amylopektin. Wolff, Ivan A., Olds, David W. und Hilbert, G.E. Ind.Engng.Chem. 43. 911-914 (1951) - Ref. Stärke 3. 285 (1951), C. 1952. 378, C.A. 46. 3795b (1952).

Über einige Benzoylderivate der Stärke. 3.Mitt. Ciusa, Walter und Adamo, Giuseppe Ann.Chimica 40. 295-99 (1950) - Ref. C. 1951. I. 3194.

Über die Tosylierung von Stärke und Glykogen. Dumazert, Chr. Bull. Soc.Chim.biol. 32. 983-87 (1950) - Ref. C. 1950/54. 1726 S.

Polysaccharidarylcarbamate. Wolff, I.A. und Rist, C.E. J.Amer. chem.Soc. 70. 2779-82 (1948) - Ref. C.A. 43. 153 (1949), C. 1948. E. 1434.

Über verschiedene Benzoylderivate der Stärke. Teil II. Ciusa, W., und Zattoni, N. Ann.Chim.applicata 35. 123-127 (1945).

Über einige Benzoylderivate der Stärke. Ciusa, Walter Ann.Chim. applicata 33. 127-32 (1943) - Ref. C. 1944. II. 531.

Einwirkung von Ameisensäure auf Stärke. Gottlieb, David, Caldwell, C.G. und Hixon, R.M. J.Amer.chem.Soc. 62. 3342-44 (1940) - Ref. C. 1942. I. 1629.

Die Bedeutung der Quellungsvorbehandlung der Cellulose für die Herstellung ihrer Phthalsäureester. Nikitin, N.I. und Kortschemkin, F.I. J.Chim.appl.(russ.) 13. 743-50 (1940) - Ref. C. 1940. II. 2615.

Die Wirkung von wasserfreier Oxalsäure auf mehrwertige Alkohole und Kohlenhydrate. Jewdokimow, A.G. Ann.Leningrad State Univ., chem.Ser.(russ.) 3. 38-100 (1938) - Ref. C. 1939. II. 644.

Die Ester der Stärke. Rev.gén.Matières plast. 12. (1936) - Ref. C. 1936. I. 4509.

Untersuchungen über die Veresterung der Stärke und ihrer Abbauprodukte. Damansky, A.F. Ann.Chimie (11) 2. 491-565 (1934) - Ref. C. 1935. I. 1552.

Einige Anwendungen der Veresterung durch Verdünnung in indifferenten Lösungsmitteln. Boulez, Victor Ind.chim belge 4. 197-202. (1933) - Ref. C. 1933. II. 749.

Benzoylieren von Stärke. Damansky, A.F. C.R.Séances, Soc.Biol. Filiales 114. 1051-53 (1933) - Ref. C.A. 28. 1886 (1934).

Über höhere Fettsäureester der Cellulose und Stärke. II. Mitt. Lorand, Eugen. Cellulosechemie 13. 185-91 (1932) - Ref. C. 1933. I. 2394.

Die Ester der höheren Fettsäuren und einiger Kohlenhydrate. Gault, H. Chim. et Ind. 1924. Mai-Sondernummer 574 - Ref. C. 1924. II. 1785, W.Ref. 1100.

Zur Kenntnis der Fettsäure-Ester von polymeren Kohlenhydraten. Karrer, P. und Zega, Z. Helv.chim.Acta 6. 822-826 (1923) - Ref. C.A. 18. 80 (1924), C. 1923. III. 1454.W.Ref. 1097.

Die löslichen Ester der Stärke und der höheren Fettsäuren. Gault, H. C.R.hebd.Séances Acad.Sci. 177. 592-93 (1923) - Ref. C. 1924. I. 165. W.Ref. 1096.

Benzylester der Kohlenhydrate. Gomberg, M. und Buchler, C.C. J.Amer.chem.Soc. 43. 1904-1911 (1921) - Ref. C. 1922. I. 1396. W.Ref. 1090.

Einwirkung von Oxalsäure, Malonsäure, Milchsäure und Weinsäure auf Stärke und Dextrin. Oechsner de Coninck, W. und Raynaud, A. Bull.Acad.roy.Belgique,Cl.Sci. 1911. 438-439, 592-593 - Ref. C. 1911. II. 855.

Die Herstellung und die Eigenschaften einiger Stärkeester. Traquair, J. J.Soc.chem.Ind. 28. 288-291 (1909) - Ref. C. 1909. I. 1987, W.Ref. 1081.

Über einige einfache und gemischte Ester der Cellulose. Berl, E., und Smith, W. J.Soc.chem.Ind. 27. 534-538 (1908) - Ref. C. 1908. II. 686, W.Ref. 1079.

Dichloressigsäureester von Dextrinen. Kldiashvili, A.G. J.russ. physik.-chem.Ges. 37. 421-423 (1905) - Ref. C. 1905. II. 401, W.Ref. 1076.

Über die Einwirkung einiger Fettsäuren auf Stärke. Kldiashvili, A.G. J.russ.physik.-chem.Ges. 36. 905-908 (1904) - Ref. C. 1904. II. 1029, W.Ref. 1074.

Zur Kenntnis der Glyoxylsäure. 6. Verhalten gegen Kohlenhydrate. Böttinger, C. Arch. Pharmazie 233. 287-294 (1895) - W.Ref. 1069.

6142. Patente

Herstellung von Polysaccharidcarbonsäureestern. Gevaert Photo-Producten N.V. (Erfinder: Lemmerling, J.T.) D.A.S. 1 174 753 Kl. 12o vom 6/4. 1962., ausg. 30/7. 1964. Belg.Prior. 7/2. 1962. - Ref. C. 1965. 20-3004. Stärke 18. 231 (1966).

Organische Ester von Kohlenhydraten. Gevaert Photo-Producten N.V. Belg.P. 613 575 vom 7/2. 1962., ausg. 28/2. 1962. - Ref. C.A. 57. 16729h (1962).

Wasserlösliche Polymere. Daiichi Kogyo Seiyaku Co., Ltd. (Erfinder: Takahashi, T. und Okamoto, Y.) Japan.P. 16 150 vom 20/11. 1961., ausg. 26/7. 1965. - Ref. C.A. 63. 18367b (1965).

Verfahren zur Herstellung eines Stärkemischesters. Corn Products Co. (Erfinder: Kerr, R.W. und Katzbeck, W.J.) A.P. 3 061 604 vom 29/3. 1960., ausg. 30/10. 1962. - Ref.J.Chem.(russ.) 1964. 14 R369. C.A. 58. 3593a (1963).

Herstellung von Estern löslicher Stärke. Chajasi, I. Japan.P. 92 ('59) vom 17/1. 1959. - Ref.J.Chem.(russ.) 1960. 36587.

Polysaccharid-Ester. F.Hoffmann-La Roche & Co. Akt.-Ges. (Erfinder: Vogler, K.) Schwz.P. 329 205 Kl. 116h ausg., 31/5. 1958. - Ref. C.A. 53. 9084f (1959).

Vernetzte Dicarboxylstärke von stabiler Viskosität. United States of America as represented by the Secretary of Agriculture (Erfinder: Hofreiter, B.T., Mehltretter, Ch.L., Bennie, J. und Hamerstrand G.E.) A.P. 2 929 811 vom 28/11. 1958., ausg. 22/3. 1960. - Ref. C.A. 54. 13704b (1960) - C. 1961. 12297. Ref.J.Chem.(russ.) 1961. 12 N426.

Herstellung von sauren Stärkeestern zweibasischer organischer Säuren, z.B. Malien-, Bernstein-, Phthal-, Itacon- oder Dichlormaleinsäure. Corn Products Co. (Erfinder: Paschall, E.F. und Katzbeck, W.J.) A.P. 2 891 947 vom 24/10. 1957., ausg. 23/6. 1959. - Ref. C. 1960. 12191. Stärke 13. 91 (1961).

Herstellung von Polysaccharidestern, besonders Stärkeestern organischer Säuren. Corn Products Refining Co., übert. von: Minkema, W.H. A.P. 2 868 780 vom 23/4. 1957., ausg. 13/1. 1959. - Ref. C. 1960. 7367, Stärke 12. 312 (1960), C.A. 53. 6662g (1959).

Herstellung von Stärkeestern organischer Säuren. Corn Products Co., übert. von: Paschall, E.P. A.P. 2 914 526 vom 2/8. 1956., ausg. 24/11. 1959. - Ref. C. 1960. 15931, Stärke 13. 347 (1961), C.A. 55. 25306h (1961) Ref.J.Chem.(russ.) 1961. 4 N299.

Verfahren zur Herstellung von Fettsäureestern nicht reduzierender Oligosaccharide. The Procter & Gamble Co. D.A.S. 1 054 981 Kl. 12o 6 vom 5/6. 1956., ausg. 16/4. 1959. A.Prior. 10/6. 1955. - Ref. Stärke 11. 336 (1959).

Ester von hochmolekularen Kohlenhydratäthercarbonsäuren. Henkel & Cie. G.m.b.H. (Erfinder: Köhler, R., Grun, H.-H. und Kosche, H.) A.P. 3 092 619 vom 20/12. 1955., ausg. 4/6. 1953. D.Prior. 22/12. 1954. - Ref. C. 1965. 46-3055.

Stärkemischester. Upjohn Co. E.P. 810 306 vom 26/9. 1955., ausg. 11/3. 1959. A.Prior. 20/10. 1954. - Ref. C. 1960. 11499. Stärke 13. 349 (1961).

Hydrophile saure Teilester. Petrolite Corp., übert. von: M.De Groote. A.P. 2 626 938 vom 14/5. 1951., ausg. 27/1. 1953. - Ref.C.1955. 11701.

Herstellung eines Salzes eines Stärkehalbesters von substituierter Bernstein- oder Glutarsäure. National Starch Products, Inc. Holl.P. 92 242 vom 13/2. 1950., ausg. 15/10. 1959. A.Prior. 14/12. 1949. id. mit: A.P. 2 613 206. - Ref. C. 1960. 12526.

Stärkeprodukte. National Starch Products, Inc. E.P. 688 291, vom 15/6. 1950., ausg. 4/3. 1953. - Ref. C. 1953. 8228.

Salze von Stärkeestern. National Starch Products, Inc., übert. von: C.G. Caldwell. A.P. 2 613 206 vom 14/12. 1949., ausg. 7/10. 1952. - Ref. C. 1954. 3592.

Polysaccharid-Derivate von substituierten Dicarbonsäuren. National Starch Products, Inc. E.P. 691 364 vom 18/2. 1949., ausg. 1/2. 1950. - Ref. Stärke 5. 302 (1953), C.A. 47. 10256c (1953), C. 1955. 1158.

Dicarbonsäurederivate von Polysacchariden. National Starch Products Inc., übert. von: C.G. Caldwell und O.B. Wurzburg A.P. 2 661 349 vom 18/2. 1949., ausg. 1/2. 1953. - Ref. C. 1955. 1158.

Aktivierung und Veresterung stärkeartiger Polysaccharide. United States of America, as represented by the Secretary of Agriculture (Erfinder: Lohmar, R.L.) A.P. 2 627 516 vom 22/11. 1949., ausg. 3/2. 1953. - Ref. C.A. 47. 5146 (1953), Stärke 5. 198 (1953), C. 1954. 2290.

Veresterung von Kohlenhydraten. Pratt, W.B. A.P. 2 429 645 vom 28/10. (1947).

Carbaminsäureester von Stärke. United States of America, übert. von: Ivan A. Wolff A.P. 2.562 978 vom 25/11. 1947., ausg. 7/8. 1951. - Ref. C. 1953. 6586.

Ester der Methacrylsäure mit Stärke, Dextrin, Maltose oder Glucose. United States of America, übert. von: R.H. Treadway. A.P. 2 492 203 vom 15/1. 1946., ausg. 27/12. 1949. - Ref. C. 1949. E. 1405.

Stärkeester. General Mills, Inc. (Erfinder: Moe, O.A.) A.P. 2 462 210 vom 30/5. 1945., ausg. 22/2. 1949. - Ref. Stärke 2. 237 (1950), C. 1949. E. 1633.

Herstellung von Stärkeestern. National Starch Products Inc. (Erfinder: Caldwell, C.G.) A.P. 2 461 139 vom 8/1. 1945., ausg. 8/2. 1949. - Ref. C. 1949. E. 1644. Stärke 2. 306 (1950).

Polysaccharidester. British Celanese Ltd. E.P. 487 020 vom 13/10. 1937., ausg. 14/7. 1938. - Ref. C. 1938. II. 3473.

Organische Kohlenhydratester aus Abfällen der Stärkeverarbeitung. Corn Products Refining Co., übert. von: Sidney Mark Cantor A.P. 2 147 241 vom 14/8. 1937., ausg. 12/4. 1939. - Ref. C. 1939. I. 4405.

Herstellung von Stärkeestern. Dreyfus, Camille übert. von: Miles, George W. Can.P. 398 343 vom 25/10. 1937., ausg. 29/7. 1941. A.Prior. 29/10. 1936. - Ref. C. 1942. II. 1741.

Herstellung von Stärkeestern. Wirtschaftliche Vereinigung deutscher Stärkeindustrieen i.L., Berlin D.R.P. 711 097 Kl. 12 o vom 16/7. 1936., ausg. 26/9. 1941. - Ref. C. 1942. I. 268.

Herstellung und Verwendung von Estern bzw. von Mischestern hochpolymerer Stoffe. Dreyfus, Henry F.PP. 756 149 u. 756 150 vom 26/5. 1933., ausg. 5/12. 1933. E.Prior. 17/6. 1932. - Ref. C. 1934. I. 3945.

Herstellung von Fettsäureestern der Kohlehydrate. Hercules Powder Co., übert. von: Eugene I. Lorand A.P. 1 959 590 vom 22/3. 1932., ausg. 22/5. 1934. - Ref. C. 1936. I. 2003.

Verfahren zur Vorbehandlung unveränderter Stärke für die anschließende Veresterung mittels Fettsäurehydriden. Stein, Herbert. D.R.P. 573 191 vom 2/7. 1931., ausg. 29/3. 1933., - Ref. C. 1933. II. 2759.

Kohlehydratester. I.G. Farbenindustrie Akt.-Ge. F.P. 691 031 vom 8/10. 1931. D.Prior. 4/3. 1929. - Ref. C. 1932. I. 1734.

Verfahren zur Darstellung von Estern der polymeren Kohlenhydrate. I.G. Farbenindustrie Akt.-Ges. D.R.P. 550 761 Kl. 12o vom 17/8. 1930., ausg. 21/5. 1932. - Ref. C. 1932. II. 2395.

Kohlehydratester. I.G. Farbenindustrie Akt.-Ges. E.P. 353 193 vom 19/6. 1930., ausg. 13/8. 1931. D.Prior. 4/7. 1929. - Ref. C. 1932. I. 1734.

Herstellung von Estern der Cellulose, Stärke usw. I.G. Farbenindustrie Akt.-Ges. E.P. 305 661 vom 29/1. 1929., ausg. 4/4. 1929. Prior. 10/2. 1928. - Ref. C. 1929. I. 2939.

Herstellung von Celluloseestern, ihren Umwandlungsprodukten oder anderen Kohlehydraten. I.G. Farbenindustrie Akt.-Ges. E.P. 343 655 vom 20/12. 1929., ausg. 19/3. 1931. D.Prior. 20/12. 1928. - Ref. C. 1931. II. 3061.

Darstellung von in organischen Mitteln löslichen Estern der polymeren Kohlehydrate mit höheren Fettsäuren oder cyclischen Carbonsäuren. I.G. Farbenindustrie Akt.-Ges. (Erfinder: Max Hagedorn D.R.P. 515 109 Kl.12o vom 11/2. 1928., ausg. 24/12. 1930. - Ref. C. 1931. I. 1168.

Herstellung von Estern der mehrwertigen Alkohole und Kohlehydrate. I.G. Farbenindustrie Akt.-Ges. E.P. 327 165 vom 22/11. 1928., ausg. 24/4. 1930. - Ref. C. 1931. I. 1857.

Verfahren zur Darstellung von Estern der Kohlehydrate vom Typus ($C_6H_{10}O_5$) wie Cellulose, Stärke und dgl. I.G. Farbenindustrie Akt.-Ges. (Erfinder: O.E., K. Sponsel D.R.P. 533 939 Kl. 12 o vom 12/7. 1927., ausg. 25/9. 1931. - Ref. C. 1931. II. 3177.

Darstellung von Derivaten des Isatosäurenhydrids. Badische Anilin- & Soda-Fabrik F.P. 603 970 vom 5/6. 1925., ausg. 27/4. 1926. D.Prior. 28/6. 1924. - Ref. C. 1927. II. 1087.

Herstellung von Polysaccharidestern hochmolekularer ungesättigter Fettsäuren. I.G. Farbenindustrie Akt.-Ges. Oe.P. 104 228 vom 29/10. 1924., ausg. 25/9. 1926. D.Prior. 30/1. 1924. - Ref. C. 1927. I. 1741.

Verfahren zur Herstellung von in aromatischen Kohlenwasserstoffen und anderen Lösungsmitteln löslichen Stärkeestern der höheren Fettsäuren. I.G. Farbenindustrie Akt.-Ges. D.R.P. 484 242 Kl. 12 o vom 13/1. 1923., ausg. 15/10. 1929. - Ref. C. 1930. I. 1064.

Kohlenhydratester. Soc.de Stéarinerie et Savonnerie de Lyon. E.P. 208 685 vom 12/2. 1923., ausg. 13/2. 1924. - Ref. C. 1924. I. 1591.

Verfahren zur Darstellung von Kohlensäureestern. Hochstetter, Arnim D.R.P. 268 452 Kl. 12 o vom 13/6. 1912. ausg. 17/12. 1913. - Ref. C. 1914. I. 310.

615. Acetylstärken

Die Reaktionsfähigkeit von Baumwollcellulose beim Acetylierungsprozeß. Breidygant-Miroslawska, M. und Baltzeshik, Je. Chem. Technol.Cellulosegewinnung (russ.) Sammlung, Wladimir 1964 162-68 - Ref. C.A. 63. 15086d (1965).

Acetylierung. Wurzburg, O.B. in: Whistler, R.L. u.a., Methods in Carbohydrate Chem. Vol.IV., Academic Press 1964. S.286-288.

Acetylierung in wäßriger Lösung. Grundschober, F. und Prey, V. Stärke 15. 225-27 (1963) - Ref.J.Chem.(russ.) 1964. 5 R345.

Acetylierungsprodukte der Stärke. SNIA VISCOSA Societa Nazionale Industria Applicazioni Viscosa Belg.P. 610 875 vom 28/5. 1962., It.Prior. 2/12. 1960. - Ref. C.A. 57. 11440d (1962).

Acylierung von vernetzter Stärke. A.E.Staley Manufg.Co. (Erfinder: Tuschoff, J.V. und Smith, C.E.). Belg.P. 616 364 ausg. 12/12. 1962., A.Prior. 12/4. 1961. - Ref. C.A. (M.) 58. 8128f (1963).

Eine neue Acetylierungsreaktion für Zucker. 2.Mitt. Versuche zur Aufklärung des Reaktionsmechanismus. Aszalos, A. und Prey, V. Stärke 14. 50-52 (1962) - Ref. C. 1963. 2257.

Herstellungsprozess von Produkten einer Acetylierung von Stärke. Snia Viscosa Soc.Nazionale Applicazioni Viscosa S.p.A. F.P. 1 324 240 vom 1/12. 1961., ausg. 11/3. 1963. - Ref.J.Chem. (russ.) 1965. 4 R329.

Acylierung von Stärke. A.E.Staley Manufg.Co. (Erfinder: Tuschhoff, J.V. und Smith, C.E.) A.P. 3 022 289 vom 13/2. 1959., ausg. 20/2. 1962. - Ref. C.A. 56. 14520a (1962), Ref.J.Chem.(russ.) 1963. 14 R263. Stärke 16. 201 (1964), C. 1964. 41-2527.

Acylierung von Hydroxy-Verbindungen mit Vinyl-Estern. A.E.Staley Mfg.Co. (Erfinder: Smith, C.E. und Tuschhoff, J.V.) A.P. 2 928 828 ausg. 15/3. 1960. - Ref.J.Chem.(russ.) 1962. 7 N331.

Die Untersuchung einzelner Eigenschaften von Acetylstärke. Holló, J., Szejtli, J. und Kiss, I. Commun.Inst.agric.chem.Technol., Polytechn.Univ. Budapest 1. 35 (1958) - Ref. Stärke 12. 90 (1960), C.A. 55. 21631g (1961).

Acyl-Derivate der Stärke. Patel, M.C. J.Indian chem.Soc.,ind. News Edit 16. 221-22 (1953) - Ref. C.A. 48. 14263b (1954), C. 1950/54. 6835 S. Stärke 6. 310 (1954).

Acetylierte Stärke. Nozu, Ryusaburo Japan. P. 3494 ('53) vom 22/7. - Ref. C.A. 48. 7922e (1954).

Acetylierung stärkeartiger Polysaccharide. Jeanes, A. und Jones, R.W. J.Amer.chem.Soc. 74. 6116-18 (1952) - Ref. C. 1953. 8099.

Die Acylierung der Maisstärke, der Amylose und des Amylopektins. Wolff, Ivan A. und Olds, W. u. Hilbert, G.E. J.Amer.chem.Soc. 73. 346-49. (1951) - Ref. C.A. 46. 3505g (1952), C. 1952. I. 64.

Acetylierung von Stärke. Lohmar, Rolland und Rist, C.E. J.Amer. chem.Soc. 72. 4298-99 (1950) - Ref. C. 1951. II. 986.

Beitrag zur Kenntnis der Triacetylstärke und der Allyläther der Stärke. Jacini, Giovanni und Ferrazzi, Mario Chim.e Ind. (Milano) 31. 1-2 (1949) - Ref. Stärke 4. 14 (1952).

Ultrazentrifugale und viscosimetrische Untersuchungen an Amyloseacetaten. Dombrow, Bernhard A. und Beckmann, Charles O. J. physic.Colloid.Chem. 51. 107-17 (1947) - Ref. C. 1948. I. 1210.

Krystallisiertes Octaacetat der 6-α-D-Glucopyranosido-β-d-glucose. Georges, L.W., Miller, I.L. und Wolfrom, M.L. J.Amer. chem.Soc. 69. 473 (1947) - Ref. C. 1948. II. 64.

Acylierung von Polysacchariden. United States of America, übert. von: J.F.Carson. A.P. 2 589 226 vom 22/11. 1946., ausg. 18/3. 1952. - Ref. C. 1954. 3592, Stärke 4. 227 (1952).

Acetylierung der Stärke mit Ketten. Talley, Eugene und Smith, Lee T. J.org.Chemistry 10. 101-05. (1945) - Ref. C. 1946. I. 50.

Acetylierung in Gegenwart von Phosphorsäure. Ciusa, R. und Sollazo, G. Ann.Chim.applicata 33. 72-73 (1943) - Ref. C. 1943. II. 615.

Quantitative Bestimmung von Acetyl in Kohlenhydratacetaten. Whistler, R.L. und Jeanes, A. Ind.Engng.Chem., analyt.Edit. 15. 317-18 (1943).

Verfahren für die Herstellung von Stärkeacetat. United States of America, as represented by the Secretary of Agriculture. (Erfinder: Treadway, R.H.) A.P. 2 399 455 vom 27/10. 1943., ausg. 30/4. 1946.

Die Acetylierung von Sacchariden unter Verwendung von Pyridin. Leman, Alfred C.R.hebd.Séances Acad.Sci. 214. 84-87 (1942) - Ref. C. 1942. II. 1006.

Herstellung von Stärkeacetaten und ihre Verwendung. Seiberlich, J. Rayon Textile Monthly 22. 605, 686 (1941).

Herstellung von Stärkeacetat. Stein, Hall & Co., übert. von: Caesar, G.V. A.P. 2 365 173 vom 24/11. 1941., ausg. 19/12. 1944. - Ref. C. 1945. II. 586, C.A. 39. 3956 (1945).

Untersuchungen über Stärke. VI. Die Acetate und Nitrate der Amylose und des Amylopektins. Meyer, Kurt H., Bernfeld, P. und Hoehenemser, W. Helv.chim.Acta 23. 885-90 (1940) - Ref. C. 1940. II. 1723.

Stärkeester mit mindestens 2,5 Acylgruppen je Glucoserest. Scholten's Aardappelmeelfabrieken, N.V.W.A. Holl.P. 56 009 vom 12/12. 1938., ausg. 15/3. 1944. - Ref. C. 1944. II. 176.

Vergleich der dielektrischen Eigenschaften von Triacetylstärke und Triacetylcellulose und die dielektrischen Eigenschaften der Benzollösungen der Tribenzyl- und Palmitylcellulose. Sakurada, I. und Lee, S. Kolloid-Z. 82. 67-72 (1938) - Ref. C. 1938. I. 2725.

Einfluß der Acetylierungsbedingungen auf die Kettenlänge der Stärkemoleküle. Higginbotham, R.S. und Richardson, W.A. J.Soc.chem. Ind. 57. 234-40 (1938) - Ref. C. 1939. I. 4473.

Dielektrische Untersuchungen über Cellulosederivate in organischen Flüssigkeiten. VIII.-XI. VIII. Über die Temperaturabhängigkeit des Dipolmoments von Cellulose-, Cellobiose- bzw. Glucoseacetat. IX. Über den Vergleich der dielektrischen Eigenschaften der Triacetylstärke und Triacetylcellulose. X. Dielektrische Untersuchung der Benzollösung der Tribenzylcellulose. XI. Dielektrische Untersuchung der Benzollösung der Tripalmitylcellulose. Lee, S. und Sakurada, I. J.Soc.chem.Ind., Japan Suppl. 40. 425 B -26 B. (1937) - Ref. C. 1938. I. 4651.

Über die Herstellung der löslichen Acetylstärke. Sakurada, Ichiro und Inoue, Ryozo J.Soc.chem.Ind., Japan (Suppl.) 39. 48 B -50 B (1936) - Ref. C. 1936. II. 2378.

Beitrag zum Studium der Konstitution der Stärke. Über eine neue Acetylierungsmethode. Reich, W.S. und Damanski, A.F. C.R.hebd. Séances Acad.Sci. 196. 1610-13 (1933) - Ref. C. 1933. II. 1510.

Die Einwirkung von Acetanhydrid auf Stärke in Gegenwart von Schwefelsäure oder Phosphorsäure. Sutra, R. C.R.hebd.Séances Acad. Sci. 196, 1608-10 (1933) - Ref. C. 1933. II. 1510.

Acetylierung von Stärke. Reich, W.S. und Damanski, A.F. C.R. Séances Soc.Biol.Filiales 113. 23-25 (1933) - Ref. C.A. 27. 3701 (1933).

Die Einwirkung von Essigsäure auf gewisse Kohlenhydrate. Clarke, H.T. und Gillespie, H.B. J.Amer.chem.Soc. 54. 2083-88 (1932) - Ref. C. 1932. II. 3220.

Die Chemie der Stärke. 22.Mitt. Amylose und Amylopektin. Pringsheim, H. und Steingrover, A. Ber.dtsch.chem.Ges. 62. B. 1352-59 (1929) - Ref. C.A. 23. 4675 (1929).

Acetylieren von Kohlehydraten mit Essigsäureanhydrid und Alkalirhodanid. Tsuzuki, Yojiro Bull.chem.Soc.Japan 4. 21-23 (1929) - Ref. C. 1929. I. 1677.

Zur Acetylierung der Stärke. Einige Versuche zur Lösung der Stärke. Tsuzuki, Yojiro Bull.chem.Soc.Japan 4. 153-56 (1929) - Ref. C. 1929. II. 1911.

Kohlenhydrate. VII. Zur Kenntnis des Stärkeacetats. Brigl, Percy und Schinle, Richard Ber.dtsch.chem.Ges. 62. 99-103 (1929) - Ref. C. 1929. I. 2298.

Polysaccharide. 2.Mitt. Acetylierung und Methylierung von Stärke. Haworth, W.N., Hirst, E.L. und Webb, J.I. J.chem.Soc. (London) 1928. 2681-90. - Ref. C. 1929. I. 992.

Darstellung von Triacetylstärke und ihr Molekulargewicht. Tsuzuki, Yorijo Bull.chem.Soc. Japan 3. 276-85. (1928) - Ref. C. 1929. I. 742.

Über die Verwendbarkeit und die katalytische Wirkungsweise aromatischer Sulfofettsäuren bei der Herstellung hochmolekularer Ester. Escales, R. und Levy, H. Kunststoffe 13. 25-28, 52-55, 64-68 (1923) - Ref. C. 1923. III. 486, W.Ref. 1095.

Polysaccharide. 16.Mitt. Karrer, P. Ber.dtsch.chem.Ges. 55. 2854-2863 (1922) - Ref. C. 1922. III. 1123, W.Ref. 642.

Über Inulin. 2.Mitt. Über Inulin und Glykogen. Pringsheim, Hans und Lassmann, Max Ber.dtsch.chem.Ges. 55. 1409-1414 (1922) - Ref. C. 1922. III. 757, W.Ref. 1093.

Herstellung von Stärkeacetaten. Stern, Ernst D.R.P. 411 156 Kl. 12 o vom 2/11. 1921., ausg. 25/3. 1925. - Ref. C. 1925. I. 2417.

Stärkeazetate. Halen, S. Kunststoffe 11. 121-123 (1921) - W.Ref. 1091.

Einige Beobachtungen betreffend die Acetylierung und Acetolyse der Cellulose und der Stärke mit Hilfe von Essigsäureanhydrid. Böeseken, J., v.d. Berg, J.C. u. Kerstjens, A.H. Recueil. Trav.chim.Pays-Bas. 35. 320-45 (1916) - Ref. C. 1916. II. 173, W.Ref. 1085.

Zur Kenntnis der Acetylierung organischer Verbindungen. Knoevanagel, E. Liebigs Ann.Chem. 402. 111-48 (1914) - Ref. C. 1914. I. 749.

Stärkeazetat. Worden, E.C. Kunststoffe 3. 61-63 (1913) - W.Ref. 1084.

Untersuchungen über Acetylierung. Law, D.J. Chemiker-Ztg. 32. 365-366 (1908) - W.Ref. 1080.

Die niederen Acetylderivate von Stärke und Cellulose. Cross, Ch. F., Bevan, E.J. und Traquair, J. Chemiker-Ztg. 29. 527-528 (1905) - Ref. C. 1905. II. 36, W.Ref. 1075.

Über die Acetylierung von löslicher Stärke. Pregl, F. Mh.Chem. (Wien) 22. 1049-1066 (1901) - Ref. C. 1902. I. 182, W.Ref. 1072.

Wirkung von Essigsäureanhydrid und Chloressigsäure auf Mais- und Kartoffelstärke. Michael, A. Amer.chem.J. 5. 359-360 (1883)- W.Ref. 1063.

Über die Acetate von Kohlenhydratkörpern des Mannits und seiner Isomeren und über einige andere pflanzliche Körper. Schützenberger, P. Ann.Chim. Phys. 21. Sér. 4; 235-264 (1870) - W.Ref. 1060.

Über die Essigsäurederivate der Kohlenhydrate. Schützenberger, P. und Naudin. C.R.hebd.Séances Acad. Sci. 68. 814-818 (1869) - Ref. C. 1869. 681-683, W.Ref. 1059.

Einwirkung wasserfreier Essigsäure auf Cellulose, Stärke, Zucker, Mannit und gleichartige Stoffe, Glucoside und gewisse pflanzliche Farbstoffe. Schützenberger, P. C.R.hebd.Séances Acad. Sci. 61. 485-486 (1865) - Ref. C. 1865. 1036, W.Ref. 1058.

616. Stärke und Formaldehyd

Stärke-Formiat. Roberts, H.J. in:Whistler, R.L. u.a., Methods in Carbohydrate Chem. Vol.IV., Academic Press 1964. S. 289-290.

Mit Formaldehyd behandelte Stärke. Stärken als Elektrolytträger-Medium für Trockenzellen. Shimizu, T. J.chem.Soc. Japan, ind. Chem.Sect. 64. 683-87 (1961) - Ref. C.A. 57. 7502e (1962) - Ref. J.Chem.(russ.) 1962. 2 N382.

Reaktionsprodukte von Formaldehyd mit Harnstoff-Oxystärke-Reaktionsprodukten. Miles Laboratories, Inc.(Erfinder: Borchert, P.) A.P. 3 009 889 vom 19/1. 1959 - Ref. C.A. 56. 6080a (1962).

Herstellung von in kaltem Wasser löslicher bzw. quellbarer Formaldehydstärke. Scholten's Chemische Fabrieken, Schwz. P. 269 496 vom 3/4. 1946., ausg. 16/10. 1950. Holl.Prior. 18/6. 1945. - Ref. C. 1951. I. 3276.

Die Aufnahme von Formaldehyd durch Cellulose. Blanksma, J.J. Recueil Trav.chim.Pays-Bas 48. 361-62. (1929) - Ref. C. 1929. II. 1155.

Die Aufnahme von Formaldehyd durch Stärke. Blanksma, J.J. Recueil Trav.chem.Pays-Bas 48. 351-60 (1929) - Ref. C. 1929. II. 1155.

Verfahren zur Erhöhung der Stärke und Wasserfestigkeit von höhermolekularen Kohlenhydraten. Kantorowicz, Julius. A.P. 1 816 973 vom 28/10. 1927., ausg. 4/8. 1931. D.Prior. 30/10. 1926. - Ref. C. 1931. II. 3286.

Studien über Pflanzenkolloide. 12.Mitt. Über die Einwirkung von Formaldehyd auf Zellulose. Samec, M. und Ferjančič, S. Kolloidchem.Beih. 14. 209-26 (1921).

Herstellung von Stärkeprodukten. Wulkan, Heinrich D.R.P. 403 183 vom 17/7. 1921., ausg. 23/9. 1924. - Ref. C. 1924. II. 2618.

Über die angebliche Spaltung der Stärke durch Formaldehyd. Jacoby, M., Kaufmann, W.v., Levite, A. und Sellinger, H. Ber.dtsch. chem.Ges. 53. 681-685 (1920) - Ref. C. 1920. I. 773, W.Ref. 987.

Studien über Pflanzenkolloide. 10.Mitt. Über die Einwirkung von Formaldehyd auf Stärke. Samec, M. und Mayer, A. Kolloidchem. Beihefte 13. 165-192 (1920) - Ref. C. 1921. I. 443, W.Ref. 988.

Über die Natur der Lösungen von Stärke in Formalin und die quantitative Rückverwandlung von Formalinstärke in Stärke, zugleich ein Beitrag zur Kenntnis des Farbtons von Jodlösungen. Kaufmann, W.v. und Lewite, A. Ber.dtsch.chem.Ges. 52. 616-27. (1919) - Ref. C. 1919. I. 609, W.Ref. 980.

Zur Frage der Diastasemodelleigenschaften des Formaldehyds. Versuche über die Einwirkung von Formaldehyd auf Stärke. Maggi, Harry, Fermentforschung 2. 304-447 (1919) - Ref. C. 1919. III. 635, W.Ref. 981.

Über den vermeintlichen Abbau der Stärke durch Formaldehyd. Jacoby, M. Ber.dtsch.chem.Ges. 52. 558-562 (1919) - Ref. C.A. 13. 2528 (1919), W.Ref. 979, C. 1919. I. 609.

Über die angeblichen diastatischen Eigenschaften des Formaldehyds. Sallinger, Hermann Ber.dtsch.chem.Ges. 52. 651-56 (1919) - Ref. C. 1919. I. 715, W.Ref. 982.

Zur Frage der Diastasemodell-Eigenschaften des Formaldehyds. Woker, G. und Maggi, H. Ber.dtsch.chem.Ges. 52. 1594-1604 (1919) - Ref. C. 1919. III. 780, W.Ref. 986.

Zur Frage des Stärkeabbaus durch Formaldehyd. Maggi, H. und Woker, G. Ber.dtsch.chem.Ges. 51. 790-93 (1918) - Ref. C. 1918. II. 124, W.Ref. 978.

Osazone aus Formaldehyd-Stärkegemischen. Maggi, H. und Woker, G. Ber.dtsch.chem.Ges. 50. 1188-89 (1917) - Ref. C. 1917. II. 527, W.Ref. 975.

Über die Reaktion der Stärke mit Formaldehyd und über die diastatischen Eigenschaften des Formaldehyds. Woker, G. Ber.dtsch. chem.Ges. 50. 679-92 (1917) - Ref. C. 1917. II. 16, W.Ref. 976.

Über die Reaktion der Stärke mit Formaldehyd und über die angeblichen diastatischen Eigenschaften des Formaldehyds. Kaufmann, Wilhelm v. Ber.dtsch.chem.Ges. 50. 198-202 (1917/1916) - Ref. C. 1917. I. 310, W.Ref. 974.

Der Formaldehyd als Diastasemodell. Ein Beitrag zur Theorie der Diastasewirkung. Woker, G. Ber.dtsch.chem.Ges. 49. 2311-18 (1916) - Ref. C. 1916. II. 1033, W.Ref. 972.

Verfahren zur Herstellung eines in Wasser löslichen Produktes aus löslicher Stärke und Formaldehyd. Mabboux & Camell D.R.P. 320 228 vom 22/11. 1913., ausg. 10/4. 1920. - Ref. C. 1920. IV. 137.

Stärke. Herstein, B. A.P. 982 673 vom 28/3. 1910., ausg. 24/1. 1911.

Die Einwirkung von Formaldehyd auf Stärke. Reichard, A. Z.ges. Brauwes. 31. 161-163 (1908) - Ref. C.A. 2. 1851 (1908), C. 1908. I. 1834, W.Ref. 971.

Verfahren zur Herstellung von Verbindungen der Stärke und der Cellulose mit Formaldehyd. Blumer, E.R.L. D.R.P. 179 590 Kl. 12 o vom 25/10. 1904., ausg. 11/12. 1906. - Ref. C. 1907. I. 383.

Verfahren zur Darstellung einer starren pulverisierbaren, wasserlöslichen Verbindung von Dextrin mit Formaldehyd. Busch, M. D.R.P. 155 567 Kl. 12o vom 12/5. 1903., ausg. 7/12. 1904.

Über die Einwirkung von Formaldehyd auf Stärke und über eine Jodverbindung des Amylodextrins. Syniewski, W. Liebigs Ann.Chem. 324. 201-212 (1902) - Ref. C. 1902. II. 986, W.Ref. 970.

Über die Einwirkung von Formaldehyd auf Stärke und über eine Jodverbindung des Amylodextrins. 1. Einwirkung von Formaldehyd auf Kartoffelstärke. Syniewski, W. Anz.Akad.Wiss.Krakau 1902. 435-41. - Ref. C. 1902. II. 986.

Verfahren zur Darstellung von löslichen Verbindungen von Stärke und Gummiarten mit Formaldehyd. Classen, A. D.R.P. 99 378 Kl. 12 o vom 18/12. 1896., ausg. 14/9. 1898 2.Zusatz zum D.R.P. 92 259 vom 27/3. 1896. - Ref. C. 1899. I. 160.

Verfahren zur Darstellung von Verbindungen von Stärke und Gummiarten mit Formaldehyd. Classen, A. D.R.P. 94 628 vom 18/12. 1896., ausg. 23/10. 1897. Zus.-Pat. zu 92 259 v. 27.3. 1896. - Ref. C. 1898. I. 295.

Verfahren zur Darstellung von Jodprodukten der Verbindungen der Stärke und stärkeähnlichen Substanzen mit Formaldehyd. Classen, A. D.R.P. 94 282 Kl. 12o vom 7/6. 1896., ausg. 18/9. 1897. - Ref. C. 1897. I. 939.

Verfahren zur Herstellung von Estern der in Patent Nr. 92 259 beschriebenen Formaldehydverbindungen der Stärke und stärkeähnlichen Substanzen. Classen, A. D.R.P. 93 111 Kl. 12 o vom 31/7. 1896., ausg. 23/6. 1897. - Ref. C. 1897. II. 1016.

Verfahren zur Darstellung von Verbindungen von Stärke und Gummiarten mit Formaldehyd. Classen, A. D.R.P. 92 259 Kl.12o vom 27/3. 1896., ausg. 26/4. 1897. - Ref. C. 1897. II. 456.

617. Sonstige organische Stärkederivate

(Vgl. auch "Pfropfcopolymere": 682, "Verschiedene Reaktionen": 684)

Stärke-Acetale. O-Tetrahydropyran-2-yl und O-(1-Alkoxyäthyl)-Derivate der Stärke. Wolfrom, M.L., Bhattacharjee, S.S. und Parekh, G.G. Stärke 18. 131-35 (1966).

Carbanilate. Reaktion von Stärke mit Aryl-Isocyanaten. Wolff, I.A. in: Whistler, R.L. u.a., Methods in Carbohydrate Chem. Vol. IV., Academic Press 1964. S.301-303.

Derivate oxydierter Stärke. Lasdon Foundation, Inc. (Erfinder: Barry, V.C. und Mitchell, P.W.D.) A.P. 2 885 394 ausg. 5/5. 1959. - Ref. C.A. 53. 13638d (1959).

Graft-Copolymere von Estern und Polysacchariden. Imperial Chemical Industries Ltd. (Erfinder: Guest, D.J.) E.P. 809 745 ausg. 4/3. 1959. - Ref. C.A. 53. 11892i (1959).

Synthetische Polysaccharide. 4.Mitt. Herstellung von Carboxylderivaten der Polyglucose. Mora, P.T., Merler, E. und Maury, P. J.Amer.chem.Soc. 81. 5449-51 (1959) - Ref. Stärke 12. 347 (1960).

Oxyalkylierte Polysaccharide. Petrolite Corp. (Erfinder: Monson, L.T. und Dickson, W.J.) A.P. 2 854 449 ausg. 30/9. 1958. - Ref. C.A. 53. 12209c (1959), C. 1960. 5684.

Polyvinylalkohol enthaltende wässerige substituierte Stärkeverbindungen. National Starch Products Inc., übert. von: Olsen, H.C. und Weidener, R.A. A.P. 2 808 380 ausg. 1/10. 1957. - Ref. C.A. 52. 2438d (1958).

Herstellung von Glyoxalverbindungen der Stärke. Soc.An.Bozel-Maletra, Soc. Industrielle de Produits Chimiques Belg.P. 543 578 vom 13/12. 1955., ausg. 11/9. 1959. F.Prior. 18/1. 1955 u. 19/10. 1955. id. mit F.P. 1 120 163. - Ref. C. 1960. 7398.

Tosyl- und Mesylderivate der Cyclodextrine. 1.Mitt. Lautsch, W., Wiechert, R. und Lehmann, H. Kolloid-Z. 135. 134-36 (1954) - Ref. C. 1950/54. 963 S.

Durch Hydantoine modifizierte Stärke. Robinette, H. A.P. 2 880 107 vom 30/4. 1954., ausg. 31/3. 1959. - Ref. Stärke 12. 311 (1960), C.A. 53. 12719a (1959), C. 1960. 9071.

Herstellung von Stärkecarbonaten. General Mills, Inc., übert. von: Opie, J.W. A.P. 2 767 171 vom 27/11. 1953., ausg. 16/10. 1956. - Ref. C. 1957. 14068, C.A. 51. 2237b (1957).

Mit Laktonen hergestellte Stärkederivate. Corn Products Refining Co., übert. von: Kerr, R.W. u. Faucette, Wm.A. A.P. 2 660 577 vom 27/5. 1950., ausg. 24/11. 1953. - Ref. C.A. 48. 3052g (1954), Stärke 6. 75 (1954).

Synthese von Derivaten der 2,3,6-Tritosylglucose und ihre Identifizierung mit den Spaltzuckern aus Tritosyl- und Ditosyl-Jodstärke. Hess, Kurt und Eveking, Wilhelm Ber.dtsch.chem.Ges. 67. 1908-16 (1934) - Ref. C. 1935. I. 399.

Über ein Ditosylacetyljodmethylglucosid aus Tritosylstärke. Hess, Kurt und Littmann, Otto Ber.dtsch.chem.Ges. 67. 465-66. (1934) - Ref. C. 1934. I. 2739.

Über den Abbau von Tritosylstärke und Ditosyl-6-jodstärke mit Bromwasserstoff-Eisessig. V.Mitt. über Stärke. Hess, Kurt; Littmann, Otto und Pfleger, Robert. Liebigs Ann.Chem. 507. 55-61 (1933) - Ref. C. 1934. I. 39.

Verfahren zur Herstellung von Oxalkylverbindungen. I.G. Farbenindustrie Akt.-Ges. Frankfurt a.M. Schwz. P. 153 482 vom 6/3. 1931., ausg. 1/6. 1932. D.Prior. 18/3. 1930. - Ref. C. 1932. II. 2723.

Verfahren zur Herstellung von oxalkylierten Kohlenhydraten. I.G. Farbenindustrie Akt.-Ges. D.R.P. 542 867 Kl. 12o vom 9/4. 1930., ausg. 29/1. 1932. - Ref. C. 1932. I. 2114.

Das Verhalten der Kohlehydrate gegen Thioglykolsäure. Holmberg, Bror, und Ohlsson, Allan Svensk Pappers-Tidn. 34. 647-52. (1931) - Ref. C. 1931. II. 3458.

62. Stärke und Alkali

621. Stärke-Alkali

Herstellung von Alkalimetallalkoholaten natürlicher und synthetischer Polyhydroxypolymeren und deren Derivaten. Zilkha, A. und Avni, Y. Israel.P. 19 379 vom 10/6. 1963., ausg. 28/10. 1965. - Ref. Stärke 18. 300 (1966).

Adsorption von Alkalien durch das Stärkekorn. Leach, H.W., Schoch, T.J. und Chessman, E.F. Stärke 13. 200-03 (1961) - Ref. C.A. 55. 21630g (1961), C. 1962. 3658. Ref.J.Chem.(russ.) 1962. 5 N335.

Über die Beständigkeit der Polysaccharide im alkalischen Medium. Majat, N.Ss. und Golowa, O.P. Fortschr.Chem.(russ.) 28. 1114-33 (1959) - Ref. C. 1961. 4005, C.A. 54. 10875g (1960).

Das Verhalten des Niederschlages der Komponenten von Kartoffelstärke in verdünntem Alkali. Bryce, W.A.J., Cowie, J.M.G. und Greenwood, C.T. J.Polymer Sci. 25. 251-53 (1957) - Ref. C.A. 51. 14301d (1957), C. 1959. 8578.

Der Einfluß von verdünntem Alkali auf Stärke. Taketomi, N., Usami, A. und Suzuki, H. J.technol.Soc.Starch (Japan) 4. 23-28 (1956) Ref. C.A. 54. 21806 b (1960).

Herstellung eines Alkali-Stärke-Phosphates. International Minerals & Chemical Corp. (Erfinder: Neukom, H.) E.P. 812 339 vom 15/8. 1955., ausg. 22/4. 1959. - Ref. C. 1960. 8056.

Harnstoffmodifizierte Alkalistärkephosphate. International Minerals & Chemical Corp., übert. von: Neukom, H. A.P. 2 824 870 vom 16/9. 1954., ausg. 25/2. 1958. id. mit: F.P. 1 143 049. - Ref. C. 1960. 12191, C.A. 52. 8601c (1958).

Alkaliadditionsverbindungen der Stärke. Yovanovitch, O. C.R.hebd. Séances Acad.Sci. 232. 1833-35 (1951) - Ref. C. 1955. 10283.

Alkalistärke. Champetier, G. und Yovanovitch, O. J.chim.physique 48. 587-89 (1951) - Ref. C.A. 46. 4324b (1952), C. 1955. 7930.

Herstellung kompletter Stärke-Alkali-Verbindungen. Corn Products Refining Co. (Erfinder: Sidney M.Cantor) F.P. 975 285 vom 19/11. 1948., ausg. 2/3. 1951. A.Prior. 20/2. 1948. - Ref. C. 1952. 2936.

Struktur der Alkaliamylose. Senti, F.R. und Witnauer, L.P. J.Amer. chem.Soc. 70. 1438-44 (1948) - Ref. C. 1949. II. 1390.

Einwirkung von Alkali auf Stärke. Befestigung der intramolekularen Bindungen. Dumazert, Christian und Michel, René C.R. hebd. Séances Acad.Sci. 214. 645-47 (1942) - Ref. C. 1944. I. 757.

Umgewandelte Stärken. IV. Einwirkung von Alkalien auf Stärken. Jambuserwala, G.B. J.Textile Inst. 62. Trans. 201-08. (1941). - Ref. C. 1943. II. 379.

Additionsverbindungen der Kohlehydrate. IV. Kaliumhydroxydverbindungen der Methylglucoside, Maltose, Amylose und Cellulose. Heddle, W.J.und Percival, E.G.V. J.chem.Soc.(London) 1938. 1690-95.

Mit Alkali behandelte Stärke. Corn Products Refining Co. übert. von: Leuk, Gerald John. A.P. 2 222 875 vom 15/12. 1938., ausg. 26/11. 1940. - Ref. C. 1941. I. 2876.

Herstellung alkalischer Stärkepräparate. Henkel u. Cie., GmbH. (Erfinder: Lobenstein, Max) D.R.P. 721 848 Kl.89k vom 24/10. 1937., ausg. 23/6. 1942. - Ref. C. 1942. II. 2440.

Herstellung von alkalischen Quellstärken mit bestimmtemAlkaligehalt in Trockenform. Henkel u. Cie., GmbH. (Erfinder: Köhler, Rudolf u. Lobenstein, Max D.R.P. 719 532 Kl.89k vom 14/8. 1937., ausg. 10/4. 1942. - Ref. C. 1942. II. 602.

Über das Verhalten der Kohlenhydrate gegen heiße Alkalilösungen. Hilpert, R.S. und Wolter, A. Angew.Chem. 49. 54-55 (1936) - Ref. C. 1936. I. 2096.

Die Reaktion der Stärke mit sehr verdünnter Lauge. Samec, M. Glasnik Kemiskog drustva Kraljevine Jugoslavije (Bull.Soc.chim. Yougoslavie) 4. 71-78 (1933) - Ref. C. 1935. I. 3669.

Die Einwirkung von wässerigem Alkali auf Stärke, Amylosen und abgebaute Stärke. Taylor, T.C. und Salzmann, G.M. J.Amer.chem. Soc. 55. 264-75 (1933) - Ref. C. 1933. I. 2806.

Reaktion der Stärke mit verdünnter Lauge. Samec, M. Chem.Listy Vědu Průmysl 26. 451-54. (1932) - Ref. C. 1933. II. 2974.

Über eine technisch interessante Bariumverbindung der Stärke. Stern, Ernst Z.angew.Chem. 41. 88-91 (1928) - Ref. C. 1928. I. 1848.

Herstellung von Metallstärkeverbindungen. Stern, E. E.P. 272 274 vom 8/3. 1926., ausg. 7/7. 1927. - Ref. C. 1931. I. 1533.

Herstellung von Stärkemetallverbindungen. Stern, Ernst A.P. 1 661 201 vom 20/3. 1926., ausg. 6/3. 1928. D.Prior. 5/8. 1924. - Ref. C. 1928. I. 2456.

Alkaliverbindungen von Kohlenhydraten. Schmid, L. und Becker, B. Ber.dtsch.chem.Ges. 58. 1966-68. (1925) - Ref. C. 1926. I. 56, W.Ref. 1007.

Stärkepräparate. Dispersoid Syndicate Ltd. F.P. 574 785 vom 20/12. 1923, ausg. 18/7. 1924. E.Prior. 23/12. 1922. - Ref. C. 1925. I. 2193.

Problematisches aus der Polysaccharidchemie. Pringsheim, Hans Z.angew. Chem. 35. 345-349 (1922) - Ref. C. 1922. III. 1038. W.Ref. 486.

Polysaccharide. 13.Mitt. Zur Kenntnis des Inulins und der Alkalihydroxyverbindungen der Anhydrozucker. Karrer, P., Staub, Max und Wälti, A. Helv.chim.Acta 5. 129-139 (1922) - Ref. C. 1922. III. 600, W.Ref. 639.

Polysaccharide. 11.Mitt. Die Verbindungen der Anhydrozucker mit Alkalilaugen. Eine Methode zur Bestimmung der Grundkörper polymerer Anhydrozucker. Karrer, P. Helv.chim.Acta 4. 811-816 (1921) - Ref. C. 1922. I. 405, W.Ref. 637.

Zur Kenntnis der alkalischen Kupferoxydlösungen und der Kupferoxydammincelluloselösungen. Traube, Wilhelm Ber.dtsch.chem. Ges. 54. 3220-3232 (1921) - Ref. C. 1922. I. 540. W.Ref. 799.

Herstellung von Trockenprodukten von Alkalistärke. Ferdinand Sichel Komm.-Ges. u. Ernst Stern. D.R.P. 415 092 Kl. 89k vom 17/10. 1920., ausg. 13/6. 1925. - Ref. C. 1925. II. 1491.

Herstellung von Trockenprodukten der Alkalistärke. Ferdinand Sichel Komm.-Ges. D.R.P. 389 748 vom 21/9. 1920., ausg. 7/2. 1924. - Ref. C. 1924. I. 1599.

Studien über Pflanzenkolloide. VI. Zur Kenntnis der Alkalistärke. Samec, Max Kolloidchem.Beih. 8. 33-62 (1916) - Ref. C. 1916. I. 1016, W.Ref. 588.

Über die Einwirkung von Soda auf Stärke. Ferraud und Bloch. Bull. Sci.pharmacol. 18. 207-213 (1911) - Ref. C. 1912. I. 287, W. Ref. 1003.

Über die Fixierung gewisser Basen durch lösliche Stärke. Fouard, E. Bull.Soc.chim.Belgique 24. 105-109 (1910) - Ref. C. 1910. I. 1006, W.Ref. 1002.

Über die Adsorption gewisser Basen durch lösliche Stärke. Reychler, A. Bull.Soc.chim.Belgique 23. 378-383 (1909) - W.Ref. 1001.

Über Verbindungen von Kohlehydraten mit Alkalien. Pfeiffer, Th., und Tollens, B. Liebigs Ann.Chem. 210. 285-309 (1881) - W.Ref. 997.

622. Stärkexanthogenate

Der Einfluß der Reaktionsvariablen auf die Verteilung der Xanthat-Gruppen in Stärke-Xanthat. Trimnell, D., Doane, W.M., Russell, C.R. und Rist, C.E. Stärke 18. 36-38 (1966).

Lokalisierung von Xanthat-Gruppen in Stärke-Xanthat. Doane, W.M., Russell, C.R. und Rist, C.E. Stärke 17. 176-79 (1965).

Durch ein kontinuierliches Schnell-Verfahren hergestellte einheitliche Stärke-Xanthate. Doane, W.M., Russell, C.R. und Rist, C.E. Stärke 17. 77-81 (1965).

Xanthogenierung von Stärke durch ein kontinuierliches Verfahren. Swanson, C.L., Naffziger, T.R., Russell, C.R., Hofreiter, B.T. und Rist, C.E. Ind.Engng.Chem.,Prod.Res.Develop. 3. 22-27 (1964) - Ref.J.Chem.(russ.) 1964. 20 R292. C. 1965. 35-2895.

Die Lokalisierung der Xanthatgruppen bei teilweise substituierten Stärkexanthaten. Adamek, E.G. und Purves, C.B. Canad.J.Chem. 38. 2425-32 (1960) - Ref. C.A. 55. 8904i (1961), C. 1964. 39-1044.

Die Kinetik der Xanthatreaktion von Stärke, Cellulose und Natriumalginat. Wroński, M. Soc.Sci.Lodziensis, Acta chim. 4. 47-54 (1960) - Ref. C.A. 54. 17015i (1960), C. 1963. 7014.

Das verschiedene Verhalten der Hydroxyde von Lithium, Natrium, Kalium, Rubidium und Caesium bei der Xanthogenierung von Cellulose und Stärke. Adamek, E.G. und Purves, C.B. Canad.J.Res., Sect.B. 35. 960-68 (1957) - Ref. C. 1959. 6496, C.A. 52. 719g (1958).

Zur Kenntnis der Kohlenhydrate. III. Die Xanthogenatreaktion der polymeren Kohlenhydrate mit Ausnahme der Cellulose. Lieser, Th. und Hackl, August. Liebigs Ann.Chem. 511. 128-36 (1934) - Ref. C. 1934. II. 1115.

Die Xanthogenatbildung einiger polymerer Kohlenhydrate. Lieser, Th. und Hackl, Aug. Technol. u. Chem. Papier- u. Zellstoff-Fabrikat. 31. 69-73 (1934) - Ref. C. 1934. II. 3926.

Über die Xanthogenate von Cellulosen. Wolffenstein, R. und Oeser, E. Kunstseide 7. 27-31 (1925) - Ref. C. 1925. II. 366, W.Ref. 1103.

Kohlehydratxanthogenate. Harrison, W. E.P. 264 261 vom 24/10. 1925., ausg. 10/2. 1927. - Ref. C. 1927. I. 3163.

Zellstoffviscose und Stärkeviscose. Ost, H., Westhoff, F. und Gessner, L. Liebigs Ann.Chem. 382. 340-360 (1911) - Ref. C.A. 5. 3574 (1911), C. 1911. II. 1120, W.Ref. 1083.

Wechselwirkung von Alkalistärke und Schwefelkohlenstoff. Stärkexanthogenat. Cross, Ch.F., Bevan, E.J. und Briggs, J.F. J.chem. Soc. (London) 91. 612-614 (1907) - Ref. C. 1907. II. 42, W.Ref. 1078.

Die Wechselwirkung von Alkalicellulose und Schwefelkohlenstoff. Cross, Ch.F. , Bevan, E.J. und Beadle, C. J.chem.Soc.(London) 63. 837-845 (1893) - W.Ref. 1068.

623. Alkaliabbau von Stärke

Alkalischer Abbau von Polysacchariden. Bouveng, H.O. Svensk.kem. Tidskr. 74. 251-65 (1962) - Ref. C. 1963. 8185.

Alkalischer Abbau von Polysacchariden. Christensen, P.K. Tidsskr. Kjemi, Bergves,Metallurgi 20. 60-64 (1960) - Ref. C. 1964. 22-1051.

Mechanismus von Zuckersäurebildung. 1.Mitt. Konkurrenzreaktion beim alkalischen Abbau von 4-O-Methyl-D-glucose, Maltose, Amylose und Cellulose. Machell, G. und Richards, G.N. J.chem.Soc. (London) 1960 1924-31. - Ref. C.A. 54. 19508b (1960).

Neue Beiträge zur Chemie der Stärkefraktionen. 5.Mitt. Abbau von Stärke in einem alkalischem Medium. Holló, J., Szejtli, J. und László, E. Magyar Tudományos Akad.,kémiai Tudományok Osztályának Közleményei (Ung.Akad.Wiss.,Ber.Abt.chem.Wiss.) 13. 1-10 (1960) - Ref. C.A. 54. 20259d (1960), C. 1965. 22-2950.

Das Verhalten von Stärke im alkalischen Medium. 2.Mitt. Die alkalische Degradation von Stärke. Holló, J., Szejtli, J. und László, E. Brauwissenschaft 13. 227-28 (1960).

Das Verhalten von Stärke im alkalischen Medium. 2.Mitt. Die alkalische Degradation von Stärke. Hollô, J. Szejtli, J. und Lászlô, E. Fette Seifen einschl. Anstrichmittel 61. 759-64 (1959) - Ref. J.Chem.(russ.) 1960. 36581. C.A. 54. 21806f (1960). C. 1961. 11172.

Alkalisches Stärkeaufschließmittel. Colon Trust (Erfinder: Varga, F.) D.A.S. 1 114 450 Kl.89k vom 24/10. 1959., ausg. 28/9. 1961. Schwz.Prior. 27/10. 1958. - Ref. C. 1962. 6617. C.A. 56. 14503d (1962), Stärke 15. 33 (1963).

Alkalischer Abbau von perjodatoxydierter Stärke, perjodatoxydiertem Xylan und Dextran. Chang, P.P.K. Univ.Microfilms (Ann Arbor,Mich) L.C.Card No. Mic 58-7966, 64 S. - Ref. C.A. 53. 9706a (1959).

Der alkalische Abbau von mit Perjodat oxydierten Polysacchariden. O'Meara, D. und Richards, G.N. Chem.and Ind. 1958. 40. - Ref. C. 1964. 51-0919.

Der alkalische Abbau von Polysacchariden. Whistler, R.L. und BeMiller, J.N. Advances Carbohydrate Chem. 13. 289-329 (1958) - Ref. C. 1962. 5692.

Alkalischer Abbau von Polysacchariden. 4.Mitt. Monosaccharide analog zu Perjodat-Oxyzellulose. O'Meara, D. und Richards, G.N. J.chem.Soc.(London) 1958. 1204-11.

Abbau von Kohlenhydraten durch Alkali. 14.Mitt. 3.6-Anhydro-D-glucose. Corbett, W.M. und Kenner, J. J.chem.Soc.(London) 1957. 927-28. - Ref. C. 1959. 12235.

Alkalischer Abbau von Amylose. Kenner, J. und Richards, G.N. Chem.and Ind. 1954. 1483-84. - Ref. C. 1955. 11400, Stärke 6. 311 (1954).

Abbau von Kartoffelamylose in neutraler und alkalischer Lösung. Bottle, R.T., Gilbert, G.A., Greenwood, C.T. u. Saad, K.N. Chem.and Ind. 1953. 541-42. - Ref. C. 1956. 3053. Stärke 7. 68 (1955). C.A. 49. 4733h (1955).

Nutzbarmachung von Stärke. I.Abbau von Stärke in alkalsichen Lösungen. II. Abbau von Glukose in alkalischen Lösungen. III. Das Verhalten von Stärke gegen verschiedene Oxydationsmittel Ohashi, K. und Takahashi, T. Res.Bull.Gifu Coll.Agric. (Japan) 68. 71-74 (1950), - Ref. Stärke 4. 105 (1952), C.A. 46. 2322g (1952).

Herstellung eines Reduktionsmittels, besonders für Schwefelfarbstoffe. Ciba Akt.-Ges. (Erfinder: M.Stäuble) Schwed.P. 128 004 vom 31/1. 1947., ausg. 18/4. 1950. Schwz.Prior. 1/2. 1946. - Ref. C. 1951. 2509.

63. Ester mit anorganischen Säuren

630. Allgemeines
631. Nitrostärken, Salpetersäureester
632. Schwefelsäureester
633. Phosphorsäureester

630. Allgemeines

Anorganische Orthoester der Stärke. Corn Products Co. (Erfinder: Kerr, R.W. und Cleveland, F.C.) A.P. 2 961 440 vom 23/1. 1956., ausg. 22/11. 1960. - Ref. C. 1962. 14710. Stärke 14. 432 (1962) Ref.J.Chem.(russ.) 1962. 2 N391.

Stärkeester mit anorganischen Säuren. Graefe, Gerd. Stärke 3. 99-105 (1951) - Ref. C. 1951. II. 3385.

Eine Untersuchung von mit kalter Säure behandelten Kartoffelstärken. Horan, F.E. Dissertation, Columbia Univ.New York 1944. 56 S.

Betrachtungen über die Einwirkung von Säuren auf Stärke und Dextrin. Oechsner de Coninck, W. und Raynaud, A. Bull.Acad.roy Belgique, Cl.Sci. 1911. 839-841 (1912) - Ref. C. 1912. I. 897.

Einwirkung von Säuren auf Stärke und Dextrin. Oechsner de Coninck, W., und Raynaud, A. Bull.Acad.roy.Belgique, Cl.Sci. 1911. 213-215, 335-337. - Ref. C. 1911. I. 1816.

Über Phosphorsäure- und Schwefelsäureester von Kohlenhydraten. Neuberg, C. und Pollak, H. Biochem.Z. 26. 514-528 (1910) - Ref. C. 1910. II. 638.

Über Versuche zur Gewinnung reiner Stärkederivate durch ihre Nitrate. Brown, H.T. und Millar, J.H. J.chem.Soc. (London) 75. 308-315 (1899) - Ref. C. 1899. I. 674, 1108, W.Ref. 1071.

Über Versuche, reine Stärkederivate durch ihre Nitrate zu erhalten. Brown, H.T. und Millar, J.H. Proc.chem.Soc. (London) 15. 13 (1899) - Ref. C. 1899. I. 674.

631. Nitrostärken, Salpetersäureester

6311. Herstellung, Eigenschaften, Bestimmung
6312. Patente

6311. Herstellung, Eigenschaften, Bestimmung

(Vgl. auch "Sprengstoffe": 461)

Beitrag zur polymeranalogen Umsetzung der Cellulose zu Cellulosenitrat. Thinius, K. und Thümmler, W. Makromolekulare Chem. 99. 117-25 (1966).

Nitrierung. Goldfrank, M. in: Whistler, R.L. u.a., Methods in Carbohydrate Chem. Vol.IV., Academic Press 1964. S. 291-294.

Stabilisierung von Stärke-, Amylose- und Amylopektin-Nitrat mit kochendem Wasser unter Druck. Mustafa, A. und Dawoud, A.F. Explosivstoffe 12. 227-34 (1964)- Ref. C. 1965. 44-2769. C.A. 62. 7985e (1965), Stärke 18. 255 (1966).

Über Stärkenitrate. Reinhardt, L., Sieper, G.A. und Zimmermann, W. Stärke 16. 107-12 (1964) - Ref. C. 1965. 7/8 - 2893.

Stabilisierung von Nitrostärke mit kochendem Wasser unter Druck. Mustafa, A. und Dawoud, A.F. Explosivstoffe 11. 168-74 (1963) - Ref. C. 1965. 14-3209.

Stabilisierung der Nitrate polymerer Kohlenhydrate durch Untersuchungen an Stärke, Amylose, Amylopektin und Glykogen. Mustafa, A., Dawoud, A.F. und El-Shourbani, S. Canad.J.Chem. 40. 2072-77 (1962) - Ref. Stärke 15. 193 (1963), C.A. 58. 654d (1963).

Durch Salpetersäure oxidierte Stärke und Trennung von D-Glucuron-Säure. Ishikawa, T. J.chem.Soc.Japan 82. 1536-39 (1961) - Ref. C.A.(M.) 59. 4018h (1963).

Über die Hydrolyse und analytische Kontrolle der Salpetersäureester. ("Nitrokörper"). Schulek, E., Burger, K. und Fehér, M. Z.analyt.Chem. 177. 81-86 (1960) - Ref. C. 1961. 16222.

Nitroacetylierte Stärke. Giua, M., Marchino, M.L. und Benecchi, E. Ann.Chimica 50. 1377-80 (1960) - Ref. C.A. 55. 13886c (1961).

Infrarot-spektrophotometrische Bestimmung von Nitrostärke in XC-9-Zündmischungen. Fletcher, A.N. U.S.Goverment Res.Rep. 31. 150 (1959) - Ref. C.A. 54. 11477g (1960).

Studien auf dem Gebiet der Nitrierung mit Mischsäure. 3.Mitt. d-Mannit-Hexanitrat. Nitrierzeit, Stickstoffgehalt, Ausbeuten. Kunz, A. und Giber, J. Acta chim.Acad.Sci.hung. 20. 393-98 (1959) - Ref.J.Chem.(russ.) 1960. 98435.

Studien auf dem Gebiete der Nitrierung mit Mischsäure. 1.Mitt. Nitrostärke. Dauer der Nitrierung. Degradation. Kunz, A. und Tóth, I. Acta chim. Acad.Sci.hung. 13. 385-95 (1958) - Ref. C. 1958. 13376. C.A. 52. 11755d (1958), C. 1959. 3843.

Nitrierungstheorie. Urbanski, T. und Hackel, J. Tetrahedron (Warsaw) 2. 300-03 (1958) - Ref. C.A. 52. 18230i (1958), C. 1961. 10208.

Stärkenitrate. Caesar, G.V. Advances Carbohydrate Chem. 13. 331-45 (1958) - Ref. C. 1962. 5878.

Explosionseigenschaften von Nitrostärke. Le Roux, Albert Mém. Poudres 33. 211-21 (1951) - Ref. C. 1956. 2915.

Das Nitrat der Stärke. Brissaud, L. und Ronssin, St. Mém.Poudres 33. 199-210 (1951) - Ref. C. 1950/54. 2499 S.

Ein Verfahren zur polymeranalogen Nitrierung von stark quellenden Polysacchariden, wie Pektin und Stärke. Vollmert, B. Makromolekulare Chem. 6. 78-84 (1951) - Ref. C. 1952. 225.

Der Mechanismus der Stärkenitrierung. Israeleshvili, Shalom Nature (London) 165. 686 (1950) - Ref. C. 1950. II. 2325. Stärke 3. 69 (1951).

Alpha- und Beta-Schardingerdextrinnitrate. Gruenhut, G.V., Cushing, M.L. und Caesar, G.V. J.Amer.chem.Soc. 70. 424-25. (1948) - Ref. C. 1948. II. 68.

Untersuchungen über die Reaktionen von Kohlenhydraten und Polysacchariden. Die Wirkung heißer Alkalilaugen auf die Nitrate von Stärke, Amylose und Amylopektin. Ashford, W.R. und Hibbert, H. Canad.J.Res.Sect.B.25. 151-54 (1947) - Ref. Stärke 1. 78 (1949).

Untersuchungen über die Reaktionen von Kohlenhydraten und Polysacchariden: Eigenschaften der fraktionierten Nitrate von zwei Fraktionen der Maisstärke. Ashford, W.R., Evans, T.H. und Hibbert, H. Canad.J.Res.Sect.B. 24. 246-53 (1946).

Untersuchungen über die Reaktionen von Kohlenhydraten und Polysacchariden; stabilisierende Wirkung von Athanol auf Stärkenitrate. Ashford, W.R., Cooke, L.M. und Hibbert, H. Canad.J.Res. Sect.B. 24. 238-45 (1946).

Nitrierung von Stärken mit Stickstoffpentoxyd in Gegenwart von Natriumfluorid. Caesar, G.V. und Goldfrank, Max J.Amer.chem. Soc. 68. 372-75 (1946) - Ref. C. 1947. 1372.

Über Darstellung und Eigenschaften der nitrierten Stärke. Urbanski, T. und Hackel, J. VI Congr.int.techn.chim.Ind.agric., Budapest, C.R. 2. 766-73. (1939) - Ref. C. 1940. I. 1938.

Stärkenitrat und -acetat. Dejarme, Noel Rev.gen.Matieres plast. 14. 107-08 (1938) - Ref. C. 1939. I. 537.

Nitrostärke. Ind.organ.Chem.(russ.) 4. 299-302 (1937) - Ref. C. 1938. II. 1714.

Nitrieren von Cellulose und Stärke mit Salpetersäureanhydrid. Urbanski, T. und Janiszewski, Z. Roczniki Chem. 17. 349-52 (1937) - Ref. C. 1938. II. 474.

Untersuchungen über Nitrostärke. Centola, Germano Gazz.chim.ital. 66. 8-15 (1936) - Ref. C. 1936. I. 4730.

Stärkenitrate (sog.Nitromehl). Sammelreferat. Matla, W.P.M. Chem. Weekbl. 33. 120-25 (1936) - Ref. C. 1936. I. 3951.

Untersuchungen über Gewinnung und Eigenschaften der Salpetersäureester der Stärke. III. Die sprengtechnischen Eigenschaften. Hackel, J. und Urbanski, T. Z.ges.Schieß- u. Sprengstoffwes. 30. 98-101. (1935) - Ref. C. 1935. II. 169.

Über die Nitrierung der Stärke. Grard, Jean C.R.hebd.Séances Acad.Sci. 200. 410-11 (1935) - Ref. C. 1935. I. 2679.

Zur Kenntnis der Stärkenitrate. Berl. E. und Kunze, W.C. Liebigs Ann. Chem. 520. 270-89 (1935) - Ref. C. 1936. I. 75.

Explosionseigenschaften von Stärkenitraten. Hackel, J. und Urbanski, T. Przemysl Chem. 18. 398-401 (1934) - Ref. C. 1935. I. 2301.

Untersuchungen über die Nitrierung von Stärke. II. Nitrate aus Stärke verschiedener Herkunft. Hackel, J. und Urbanski, T. Roczniki Chem. 13. 221-25 (1933) - Ref. C. 1933. II. 1268.

Untersuchungen über die Nitrierung der Stärke. I. Gewinnung von Nitraten aus Kartoffelstärke. Hackel, J. und Urbanski, T. Roczniki Chem. 12. 276-97 (1932) - Ref. C. 1932. II. 2002.

Nitrostärke. Schrimpff, August Z.ges.Schieß- u. Sprengstoffwes. 25. 273-78 (1930) - Ref. C. 1931. I. 3748.

Zur Kenntnis des Stärkenitrats. Okada, Hazime J.Cellulose Inst., Tokyo 3. 1-2 (1927) - Ref. C. 1927. I. 2407.

Beiträge zur Chemie der Stärke. XIV. Über Salpetersäureester der Polyamylosen. Pringsheim, H. Ber.dtsch.chem.Ges. 58. 1889-93 (1925) - Ref. C. 1926. I. 55.

Über die Salpetersäureester der Stärke. Kesseler, K. und Röhm, R. Z.angew.Chem. 35. 125-128 (1922) - Ref. C. 1922. I. 1104.

"Nitron" als gewichtsanalytisches Reagens für die Analyse von Sprengstoffen. Cope, W.C. und Barab, J. J.Amer.chem.Soc. 39. 504-514 (1917) - W.Ref. 1086.

Einwirkung verdünnter Salpetersäure auf Stärke und Dextrin. Oechsner de Coninck, W. und Raynaud, A. Rev.gén.Chim.pure appl. 14. 169-170 (1911) - Ref. C. 1911. II. 272.

Zur Kenntnis der Stärkenitrate. Berl, E. und Bütler, R. Z.ges. Schieß- u. Sprengstoffwes. 5. 82-84 (1910) - Ref. C.A. 4. 1556 (1910), C. 1910. I. 2074, W.Ref. 1082.

Wirkung von Salpetersäure auf Stärke. 2. Doroshewski, A.G., Rakowski, A.V., u. Bardt, A.Y. J.russ.physik.-chem.Ges. 40. 932-940 (1908) - Ref. C. 1908. II. 1422. C.A. 3. 1146 (1909), W.Ref. 96.

Über die Einwirkung von Salpetersäure auf Stärke. Doroschewski, A. und Rakowski, A. J.russ.physik.-chem.Ges. 39. 427-39 (1907) - Ref. C. 1907. IV. 1326.

Wirkung von Salpetersäure auf Stärke. Doroshewski, A.G. u. Rakowski, W. J.russ.physik.-chem.Ges. 39. 125-126 (1907) - Ref. C. 1907. II. 1325, C.A. 1. 1542 (1907), W.Ref. 95.

Nitrierung von Kohlehydraten. Will, W. und Lenze, F. Ber.dtsch. chem.Ges. 31. 68-90 (1898) - Ref. C. 1898. I. 441, W.Ref. 1070.

Die höheren Salpetersäureäther der Stärke. Mühlhäuser, O. Dingler's polytechn.J. 284. 137-143 (1892) - Ref. C. 1892. I. 982, W.Ref. 1067.

Erhitzen von Stärke mit Salpetersäure. (Auszug). Campari, G. Jber.Chem. 1887. 2262. - W.Ref. 693.

Über die salpetrigen Gase aus Salpetersäure und Stärke und diejenigen in den Schwefelsäurekammern. Lunge, G. Ber.dtsch.chem. Ges. 11. 1229-1233 (1878) - W.Ref. 675.

Einwirkung von Salpetersäure auf Kohlenhydrate und Alkohole. Berthelot. Ann Chim.Phys. 9. Sér. 5; 316-328 (1876) - W.Ref. 1061.

6312. Patente

Nichtstaubende Nitrostärke. Altlas Powder Co. (Erfinder: Wilt, P.E. und Nelson, R.G.) A.P. 2 968 541 ausg. 17/1. 1961. - Ref. C.A. 55. 7843c (1961), C. 1962. 9186. Stärke 14. 434 (1962).

Nitrostärkeprodukte in Kornform. The Hubinger Co. (Erfinder: Elizer, L.H. und Seitz, J.M.) A.P. 3 051 699 vom 15/1. 1959., ausg. 28/8. 1962. - Ref.J.Chem.(russ.) 1964. 7 R428. C.A. 58. 14280f (1963).

Kationische Nitrostärke-Produkte die mindestens 50% Amylose enthalten. The Hubinger Co. (Erfinder: Elizer, L.H. und Seitz, J.M.). A.P. 3 051 700 vom 17/7. 1959., ausg. 28/8. 1962. - Ref. J.Chem.(russ.) 1964. 7 R427, C.A. 58. 11564d (1963).

Nitrostärke. Amoretty, V.A. (Erfinder: Grageroff, I.A.) D.A.S. 1 132 908 Kl. 12o vom 4/3. 1959., ausg. 12/7. 1962; id. mit A.P. 2 883 376. - Ref. C. 1963. 6819, Stärke 15. 230 (1963).

6312

Stärkenitrate. Wasag-Chemie AG. (Erfinder: Zimmermann, W., Sieper, G.A. und Reinhardt, L.). A.P. 2 995 549 vom 7/7.1958., ausg. 8/8. 1961; id.mit D.A.S. 1 028 981. - Ref.C. 1963. 7198.

Verfahren zur Stabilisierung und Reinigung von Stärkenitraten. Wasag-Chemie AG. D.A.S. 1 052 389 Kl. 12o vom 30/4.1958., veröff. 12/3.1959. - Ref.Stärke 12. 188 (1960), Ref.J.Chem. (russ.) 1960. 86520, C. 1963. 1333.

Verfahren zur Herstellung von stabilem Stärkenitrat, insbesondere für Lackzwecke. Wasag-Chemie AG. (Erfinder: Reinhardt, L., Sieper, G.-A. u. Zimmermann, W.). D.P. (DDR) 18 804 vom 30/5. 1957., ausg. 3/5.1960 (Auslegepatent), id.mit D.A.S. 1 028 981.

Herstellung von Stärkenitraten. Wasag-Chemie AG. (Erfinder: Zimmermann, W., Sieper, G.-A. und Reinhardt, L.). E.P. 815 280 vom 16/12.1957., ausg. 24/6.1959; id.mit D.A.S. 1 028 981. - Ref.C. 1960. 11848.

Herstellung von Nitrostärke. Vsevold, A. Amoretty (Erfinder: Grageroff, I.A.). A.P. 2 883 376 vom 2/8.1957., ausg. 21/4.1959; id.mit D.A.S. 1 132 908. - Ref.C.A. 53. 13598a (1959), C. 1960. 7055.

Stabilisierung und Reinigung von Stärkenitraten. Wasag-Chemie AG. (Erfinder: Zimmermann, W., Sieper, G.-A. und Reinhardt, L.). D.A.S. 1 031 300 Kl. 12o vom 24/9.1956., veröff. 4/6.1958. - Ref.C.A. 54. 18996e (1960), C. 1958. 14202.

Herstellung von Stärkenitraten. Wasag-Chemie AG. (Erfinder: Reinhardt, L. und Zimmermann, W., Aschan, Sieper, G.-A.) D.A.S. 1 028 981 vom 24/9.1956., veröff. 30/4.1958; id.mit D.P. (DDR) 18 804 und A.P. 2 995 549. - Ref.C. 1959. 2985, Stärke 10. 239 (1958), C.A. 54. 20909h (1960).

Gefahrlose Herstellung von Nitrostärkesprengstoffen. Trojan Powder Co., übert.von: Griffith jr., G.L. und Samuel, D.G. A.P.2 860041 vom 17/11.1955., ausg. 11/11.1958. - Ref.C. 1960. 3752.

Stabilisieren von Nitrostärke. "Nitrokémia" Ipartelepek Részvénytarsasag. It.P. 343 575 vom 16/6.1936. Ung.Prior. 22/5.1936. - Ref.C. 1938. I. 239.

Stabilisieren von Nitrostärke. "Nitrokémia" Ipartelepek Részvénytarsasag. D.R.P. 691 154 Kl. 78c vom 7/6.1936., ausg. 17/5. 1940. Ung.Prior. 22/5.1936. Chemiker-Ztg. 65. 23 (1941).

Verfahren zum Nitrieren von pulverförmiger Stärke. "Nitrokémia" Ipartelepek Réczvénytarsasag. D.R.P. 690 704 Kl. 78c vom 7/6. 1936., ausg. 4/5.1940. Ung.Prior. 22/5.1936. - Ref.C. 1940. II. 292.

Nitrieren von Stärke. "Nitrokémia" Ipartelepek Részvenytarsasag. It.P. 344 504 vom 16/6.1936. Ung.Prior. 22/5.1936. - Ref.C.1938. I. 2665.

Entfernung von Säure aus nitrierter Stärke. "Nitrokémia" Ipartelepek Részvénytarsasag. Finn.P. 18 141 vom 4/9.1936., ausg.25/8. 1938. - Ref.C. 1938. II. 3645.

Entwässern von Nitrostärke. "Nitrokémia" Ipartelepek Részvénytarsasag. It.P. 344 406 vom 16/8.1936. Ung.Prior. 22/5.1936. - Ref.C. 1938. I. 3572.

Stabilisierung von Nitrostärke. Prochu, Panstwowa Wytwornia. (Erfinder: Tadeusz Wesolowski u. Jerzy Kardaszewicz. Poln. P. 22 623 vom 21/11. 1934., ausg. 10/3. 1936. - Ref. C. 1937. I. 2726.

Herstellung von nitrierter Stärke in Flockenform. Hercules Powder Co., übert. von: George, M. Norman. A.P. 1 908 857 vom 15/4. 1932., ausg. 16/5. 1933. - Ref. C. 1933. II. 813.

Herstellung von nitrierten und acylierten Kohlehydraten. Mossgraber, Eugen F.P. 721 781 vom 19/8. 1931., ausg. 8/3. 1932. D.Prior. 25/8. u. 28/11. 1930. - Ref. C. 1933. I. 340.

Lösungen von Nitroverbindungen. Hercules Powder Co., übert. von: G.H. Peters. E.P. 293 435 vom 20/10. 1927., Auszug veröff. 29/8. 1928. Prior. 8/7. 1927. - Ref. C. 1929. I. 1625.

Herstellung von Lösungen von nitrierten Kohlehydraten. Hercules Powder Co., übert. von: G.H. Peters. E.P. 293 434 vom 20/10. 1927. Auszug veröff. 29/8. 1928. Prior. 8/7. 1927. - Ref. C. 1930. II. 499.

Behandlung nitrierter Substanzen. Trojan Powder Co., übert. von: J.V. Skoglund. A.P. 1 770 482 vom 16/11. 1927., ausg. 15/7. 1930. - Ref. C. 1930. II. 1937.

Stabilisierung nitrierter Stärke. Trojan Powder Co., übert. von: Walter O.Schnellingund Josph A. Wyler. A.P. 1 835 911 vom 23/3. 1926., ausg. 8/12. 1931. - Ref. C. 1932. I. 1979.

Nitrieren von Stärke. Hercules Powder Co., übert. von: O.A. Pickett, Kenvil. A.P. 1 779 825 vom 4/5. 1926., ausg. 28/10. 1930. - Ref. C. 1931. II. 950.

Behandlung von Nitrokohlenhydraten. Trojan Powder Company, übert. von Walter O. Snelling A.P. 1 504 986 vom 21/3. 1921., ausg. 12/8. 1924. - Ref. C. 1924. II. 2619.

Stabilisieren von Nitrostärke. Flurscheim, B.J. und Aetna Explosives Co. A.P. 1 343 317 vom 15/6. 1920., angem. 17/5. 1917.

Verfahren zur Herstellung von Nitroverbindungen der Kohlehydrate. Hough, Arthur D.R.P. 172 549 Kl. 78c vom 12/6. 1904., ausg. 13/6. 1903. - Ref. C. 1906. II. 938.

Verfahren zur Herstellung von Nitrostärke. Dynamit A.-G. vorm. A. Nobel u. Co. D.R.P. 57 711 Kl. 78c vom 11/7. 1890., ausg. 11/8. 1891.

632. Schwefelsäureester

Propan-Sulfönsäure-Derivate von Weizenmehl: Präparation und einige physikalische Eigenschaften. Edwards, G.H. Stärke 18. 105-09 (1966).

Antipeptische und antiulcerogene Eigenschaften eines synthetischen sulfatierten Polysaccharids (SN-263).Bianchi, R.G. und Cook, D.L. Gastroenterology 47. 409-14 (1964) - Ref. C.A. 62. 2141d (1965).

p-Toluolsulfonylierung. Stärke- und Amylose-p-Toluolsulfonate. Roberts, H.J. in: Whistler, R.L. u.a., Methods in Carbohydrate Chem. Vol.IV., Academic Press 1964. S. 299-301.

Sulfatierung durch den Triäthylamin-Schwefeltrioxid-Komplex. Whistler, R.L. und Spencer, W.W. in: Whistler, R.L. u.a., Methods in Carbohydrate Chem. Vol. IV., Academic Press 1964. S. 297-298.

Bericht über die Darstellung und Verwendung von Poly (2-Vinylpyridin)-Schwefeltrioxid als Sulfatierungsmittel für Stärke. Smith, H.E., Russell, C.R. und Rist, C.E. Cereal Chem. 40. 282-85 (1963) - Ref. C.A. (M.) 59. 2998f (1963), Stärke 16. 404 (1964), Ref.J.Chem.(russ.) 1964. 16 R339.

Untersuchungen von oxydierten Stärkesulfaten für medizinische Zwecke. 1.Mitt. Synthese von Sulfaten oxydierter Stärke und ihrer Derivate. Nitta, Y., Namekata, M., Tomita, E. und Nawata, Y. Chem.pharmac.Bull.(Tokyo) 10. 159-67 (1962) - Ref. C.A. 59. 5355e (1963).

Polysaccharid-Sulfat. Smith, H.E. und Russell, C.R. A.P. 3 057 855 vom 23/6. 1961., ausg. 9/10. 1962. - Ref. C.A. (M.) 58. 652a (1963), Stärke 16. 201 (1964).

Verfahren zur Herstellung antipeptisch wirksamer Schwefelsäurediester von Stärke mit verminderter blutgerinnungshemmender Wirksamkeit. Spofa Sdružení Podniků pro Zdravotnickou Výrobu D.A.S. 1 173 079 Kl. 12 o vom 24/3. 1961., ausg. 2/7. 1964. Tschechosl.Prior. 28/3. 1960. - Ref. Stärke 18. 230 (1966).

Darstellung und Eigenschaften von verschiedenen Polysaccharid-Sulfaten. Whistler, R.L. und Spencer, W.W. Arch.Biochem. Biophysics 95. 36-41 (1961) - Ref. C.A. 56. 5094h (1962), C. 1963. 1709.

Hydrolyse von Polysaccharid-Sulfatestern durch ein Sulfatasepräparat von Charonia lampas. Takahashi, N. und Egami, F. Biochem. J. 80. 384-86 (1961) - Ref. C.A. 55. 22630b (1961).

Polysulfate von reduzierten Derivaten oxydierter Stärke. Chûgai Pharmaceutical Co.Ltd. (Erfinder: Nitta, Y., Yukikata, M. und Nawada, Y.) Japan.P. 17 748 ('61) vom 16/2. 1960., ausg. 29/9. 1961. - Ref. C.A. 56. 15620g (1962).

Herstellung von Polyschwefelsäureestern von Methylestern oxydierter Stärke oder ihren Reduktionsprodukten. Chûgai Seiyaku Kabushiki Kaisha (Erfinder: Nitta, Y., Yukikata, M. und Tomita, E.) Japan.A.S. 13 549/1963 vom 30/12. 1960., ausg. 29/7. 1963. - Ref. C. 1966. 23-1806. C.A. 60. 3079h (1964).

Chemisch modifizierte Stärkesulfate. Corn Products Co. (Erfinder: Kerr, R.W., Paschall, E.F. und Minkema, W.H.) E.P. 847 669 vom 19/8. 1957, ausg. 14/9. 1960. Zusatz zu E.P. 807 070. - Ref. C.A. 55. 10932i (1961), C.1963. 12643

Verfahren zur Herstellung von Stärkeäthern mit Sulfoniumverbindungen. National Starch and Chemical Corp. (Erfinder: Rutenberg, M.W. und Volpe, J.L.) D.A.S. 1 145 601 vom 14/4. 1960., ausg. 21/3. 1963. A.Prior. 22/4. 1959. - Ref. Stärke 16. 304 (1964), C. 1963. 22530.

Herstellung von in Wasser löslichen Polysaccharidderivaten. W.A. Scholten's Chemische Fabrieken N.V. (Erfinder: Strating, J., Moes, G. und Vogel, W.F.) F.P. 1 241 065 vom 24/11. 1959., ausg. 20/12. 1960. E.Prior. 24/11. 1958. - Ref. C. 1964. 51-2489.

Sulfonierte Kohlenhydrate. Research Corp. (Erfinder: Benesch, R. und Benesch, R.E.) A.P. 3 007 918 vom 14/5. 1959. - Ref. C.A. 56. 7414f (1962).

Herstellung von Hydroxystärkepolyschwefelsäureestern. Kaisha, C.S.K. (Erfinder: Nitta, Y., Yukikata, M. und Nawata, Y.) Japan.A.S. 16 700/1960 vom 2/8. 1958., ausg. 4/11. 1960. - Ref. C. 1963. 6819.

Untersuchungen über Struktur und Eigenschaften der Cellulose und ihrer Ester. 76. Mitt. Darstellung von Cellulosesulfaten und Untersuchung ihrer Eigenschaften. Rogowin, S.A. und Mirlass, D. L. Chem.Wiss.Ind.(russ.) 3. 831-32 (1958) - Ref. C. 1963. 2483.

Antilipämische Polysaccharid-Sulfate. Riker Laboratories, Inc. (Erfinder: Petracek, F.J. und Draper, M.D.) A.P. 3 017 407 vom 18/8. 1958., ausg. 16/1. 1962. - Ref. C.A. 56. 11722i (1962).

Herstellung von Stärkesulfaten. National Starch Products, Inc. (Erfinder: Wurzburg, O.B., Rutenberg, M.W. und Ross, L.J.) A.P. 2 786 833 ausg. 26/3. 1957., id. mit: E.P. 755 461 - Ref. C.A. 51. 10936a (1957).

Herstellung von ungelatinierten Schwefelsäureestern von Stärkematerial. National Starch Products, Inc. E.P. 823 073 vom 24/5. 1956., ausg. 4/11. 1959. A.Prior. 1/6. 1955 u. 11/5. 1956. id. mit: A.P. 2 857 377. - Ref. C. 1961. 3842.

Herstellung von Alkalisalzen der Sulfoäthylstärke. Pont de Nemours & Co., übert. von: Fuller, M.F. A.P. 2 883 375 vom 25/6. 1956., ausg. 21/4. 1959. - Ref. C. 1960. 6002, Ref.J.Chem.(russ.) 1960. 36588, Stärke 13. 90 (1961).

Nichtgelatinierte Stärkeester der Schwefelsäure. National Starch Products, Inc., übert. von: Martin, I. und Wurzburg, O.B. A.P. 2 857 377 vom 11/5. 1956., ausg. 21/10. 1958. - Ref. C. 1960. 7366, C.A. 53. 7041c (1959).

Chemisch modifizierte Sulfatstärke. Corn Products Refining Co. E.P. 807 070 vom 19/8. 1955., ausg. 7/1. 1959. A.Prior. 7/3. 1955., id.mit: A.P. 2 849 326. - Ref. C. 1963. 12643.

Sulfonierung von Stärke. Corn Products Refining Co., Erfinder: Paschall Eugene F. E.P. 1 135 834 vom 12/8. 1955., ausg. 3/5. 1957. A.Prior. 6/1. 1955. - Ref. C. 1959. 2985.

Neue Stärkeprodukte. Corn Products Refining Co. E.P. 807 070 vom 19/8. 1955. A.Prior. vom 7/3. 1955.

Stärke-Sulfat-Ester. Corn Products Refining Co., übert. von: Paschall, E.F. A.P. 2 775 586 vom 4/10. 1954., ausg. 25/12. 1956. - Ref. C.A. 51. 4746a (1957), C. 1957. 12913.

Herstellung von Sulfaten von Stärke oder Stärkederivaten. National Starch Products, Inc. Holl.P. 98 996 vom 1/6. 1954., ausg. 15/9. 1961. A.Prior. 24/11. 1953., id. mit: E.P. 755 461. - Ref. C. 1962. 12127.

Herstellung von Stärkesulfaten. National Starch Products, Inc. E.P. 755 461 vom 6/5. 1954., ausg. 22/8. 1956. A.Prior. 24/11. 1953., id. mit: A.P. 2 786 833 und Holl.P. 98 996. - Ref. C. 1957. 5720, C.A. 51. 8460g (1957).

Herstellung von Alkalisalzen von sauren Polysaccharidschwefelsäureestern. Phillips Petroleum Co., übert.von: Rufus V.Jones. A.P. 2 697 093 vom 16/12.1949., ausg. 14/12.1954. - Ref.C. 1955. 9236, C.A. 49. 2766c (1955).

Herstellung von Kohlenhydratschwefelsäureestern. Phillips Petroleum Co., übert.von R.V. Jones. A.P. 2 686 779 vom 18/7.1949., ausg. 17/8.1954. - Ref.C. 1955. 6166.

Herstellung wasserlöslicher Schwefelsäureverbindungen. Flesch-Werke AG. für Gerbstoff-Fabrikation und chemische Produkte. D.R.P. 664 730 Kl. 12o vom 6/5.1931., ausg. 5/9.1938. - Ref.C. 1938. II. 4146.

Herstellung wasserlöslicher Kondensationsprodukte. Farb- und Gerbstoffwerke Carl Flesch jr. D.R.P. 631 461 Kl. 12o vom 6/5.1931, ausg. 23/6.1936. - Ref.C. 1936. II. 2448.

Zur Darstellung von Acetalen und Glykosiden. 2. Mitt. über Ester der schwefligen Säure. Voss, Walter. Liebigs Ann. Chem. 485. 283-98 (1931). - Ref.C. 1931. I. 2604.

Herstellung von Schwefelsäureestern hochmolekularer Kohlenhydrate, wie Stärke, durch Behandlung derselben mit Schwefelsäure. Farb- und Gerbstoffwerke Carl Flesch. D.R.P. 621 978 Kl. 12o vom 5/12.1930, ausg. 16/11.1935. - Ref.C. 1936. I. 2474.

Sulfurylierung der Stärke. Samec, M. S.-B. Akad.Wiss.Wien, math.-naturwiss. Kl. Abt. IIb 138. 852 (1929), Mh.Chem. 53/54. 852-854 (1929). - Ref.C. 1930. I. 513.

Schwefelsäureester von Kohlenhydraten. Traube, W. E.P. 322 003 vom [illegible]0/8.1928., ausg. 19/12.1929. - Ref.C. 1930. I. 3355.

Über einen Schwefelsäureester der Stärke. Tamba, R. Biochem.Z. 141. 274-77 (1923). - Ref.C. 1924. I. 1022, W.Ref. 1098.

Darstellung konzentrierter Lösungen von Stärke oder stärkehaltigen Stoffen in Schwefelsäure. Courtaulds Ltd. D.R.P. 416 670 Kl. 12o vom 13/4.1922., ausg. 23/7.1925. E.Prior. 23/4.1921. - Ref.C. 1925. II. 2107.

Ge[illegible]nnung von Lösungen der Stärke in Schwefelsäure. Courtaulds Ltd. D.R.P. 416 015 Kl. 12o vom 13/4.1922., ausg. 6/7.1925. E.Prior. 23/4.1921. - Ref.C. 1925. II. 2107.

Präparat aus Stärke und Schwefelsäure. Lloyd, J.A. A.P. 1 455 630 vom 31/3.1922., ausg. 15/5.1923. - Ref.C. 1923. IV. 342.

Verbindungen aus Stärke bzw. stärkehaltigen Stoffen und Schwefelsäure. Courtaulds Ltd. Schw.P. 98 298 vom 6/4.1922., ausg.1/3.1923. - Ref.C. 1923. IV. 861.

Herstellung von Verbindungen oder Mischungen von Stärke und Schwefelsäure. Courtaulds Ltd. F.P. 549 408 vom 27/3.1922., ausg. 9/2.1923. - Ref.C. 1923. II. 1092.

Mischungen von Stärke mit Schwefelsäure. Courtaulds Ltd. F.P. 549 279 vom 23/3.1922., ausg. 6/2.1923. - Ref.C. 1923. IV. 861.

Verfahren zur Herstelllung von Verbindungen oder Mischungen von Stärke mit Schwefelsäure. Courtaulds Ltd. und Lloyd, J.A. E.P. 181 198 vom 23/4.1921., ausg. 5/7.1922. - Ref.C. 1922. IV. 907.

Verfahren zur Herstellung von Verbindungen oder Mischungen von Stärke oder stärkehaltigen Substanzen mit Schwefelsäure. Courtaulds Ltd. und Stokes, William Henry E.P. 181 197 vom 23/4. 1921., ausg. 5/7. 1922. - Ref. C. 1922. IV. 906.

Zur Kenntnis der Kohlenhydrate. 1. Hönig, M. und Schubert, S. Mh.Chem. 7. 455-484 (1886) - Ref. C. 1886. 881., W.Ref. 1066.

Über Ätherschwefelsäuren einiger Kohlenhydrate. Hönig, M. und Schubert, St. S.-B.Akad.Wiss.Wien, math.-naturwiss. Kl.,Abt.II. 92. 737-778 (1885) - Ref. C. 1885. 962, W.Ref. 1065.

Uber die Zusammensetzung der sogenannten Türkischrothöle. Liechti, L. und Suida, W. Ber.dtsch.chem.Ges. 16. 2453-2458 (1883) - W.Ref. 1062.

Über die Aetherschwefelsäuren der mehrsäurigen Alkohole und der Kohlehydrate nebst einigen Bemerkungen über die Constitution der letzteren. Clässon, P. J.prakt.Chem. 20. 1-34 (1879) - W.Ref. 676.

633. Phosphorsäureester

Ein Gewinnungsverfahren für Phosphat-Maisstärke und deren Verwendung für Nahrungszwecke. Lowacewa, G.N. und Kowtunenko, L.Ja. Zucker-Ind.(russ.) 40. Nr. 12. 49-51 (1966).

Stärkephosphorylierung mit Alkalimetallphosphaten. Greidinger, D. S., Cohen, M. und Epstein, S. Israel J.Chem. 2. 258 (1964) - Ref. Stärke 18. 30 (1966).

Verfahren zur Herstellung von Stärke-Orthophosphorsäureestern. Schierbaum, F. und Börner, O. D.P. (DDR) 36 806 Kl. 89k vom 21/3. 1964., ausg. 15/2. 1965. (Wirtschaftspatent) - Ref. Stärke 17. 361 (1965), C. 1966. 9 - 2613, C.A. 63. 3150f (1965).

Phosphatierung mit anorganischen Phosphat-Salzen. Paschall, E.F. in: Whistler, R.L. u.a., Methods in Carbohydrate Chem. Vol. IV., Academic Press New York u. London 1964. S. 294-296.

Alkalimetall - Stärkephosphate. Greidinger, D.S., Cohen, B.M. und Fertilizers & Chemicals Ltd. Israel P. 15 123 ausg. 23/8. 1962. - Ref. C.A. (M.) 58. 4723d (1963).

Alkalimetallstärkephosphate. Chemicals and Phosphates Ltd. E.P. 971 659 vom 12/7. 1962., ausg. 30/9. 1964. Israel.Prior. 4/8. 1961., id. mit: Israel. A.S. 15 869.- Ref. C. 1966. 4-3120.

Die Modifizierung von Stärke mit Phosphaten und Amiden. Penick & Ford, Ltd.Inc. (Erfinder: Hjermstad, E.T.) A.P. 3 069 411 ausg. 18/12. 1962. - Ref. C.A. (M.) 58. 5874e (1963), Ref.J. Chem.(russ.) 1965. 1 R234, C. 1965. 32 - 2929.

Allgemeine Eigenschaften und Herstellungsverfahren von Stärkephosphaten. (Auslandsbericht. USA). Kempf, W. Stärke 14. 380-82 (1962).

Kaltwasserlösliche Stärkephosphate. Der Chemie-Markt. Sonderdienst der Zeitschrift "Chemische Industrie" Nr. 16. 1962. - Ref. Stärke 16. 304 (1964).

Stärke-Phosphat-Ester. Allgemeine Eigenschaften und Arbeitsverfahren. Evans, J.W. Cereal Sci. today 7. 132-33 (1962) - Ref. J. Chem.(russ.) 1962. 23 N390.

Alkalimetall-Stärkephosphate. Chemicals and Phosphates Ltd. (Erfinder: Greidinger, D.S. und Cohen, B.M.) Israel. A.S. 15 869 vom 4/8. 1961., ausg. 24/10. 1963. - Ref. C. 1964. 30-2365. Stärke 17. 169 (1965).

Durch Alkaliphosphat modifizierte Stärke. International Minerals & Chemical Corp. E.P. 857 868 ausg. 4/1. 1961., id. mit: D.A.S. 1 055 470 - Ref. C.A. 55. 13887b (1961), C. 1962. 12867.

Phosphoacylate von Stärke. Snia Viscosa Societa Nazionale Industria Applicazioni Viscosa (Erfinder: Notarbartolo, L. und Pasin, A.) It.P. 640 732 vom 3/12. 1960., ausg. 6/6. 1962. - Ref. C.A. 63. 3150g (1965).

Gewinnung von alkaliphosphatmodifizierter Stärke mit erhöhter Viscosität in wässriger Dispersion. International Minerals & Chemical Corp. (Erfinder: Sietsema, J.W.) A.P. 3 060 171 vom 3/10. 1960., ausg. 23/10. 1962. - Ref. C. 1964. 42-2681. C.A. 58. 651d (1963), Stärke 16. 202 (1964), Ref.J.Chem.(russ.) 1964. 20 R295.

Gewinnung von alkaliphosphatmodifizierter Stärke mit erhöhter Viscosität in wässriger Dispersion. International Minerals & Chemical Corp. (Erfinder: Sietsema, J.W.) A.P. 3 060 170 vom 3/10. 1960., ausg. 23/10. 1962. - Ref. C. 1964. 42-2681. C.A. 58. 651c (1963), Ref.J.Chem.(russ.) 1965. 1 R227.

Reinigung von phosphatmodifizierter Stärke. International Minerals & Chemical Corp. (Erfinder: Sietsema, J. und Trotter, W. C.) Schwz.P. 374 949 vom 3/1. 1958., ausg. 13/3. 1964. A. Prior. 31/1. 1957., id. mit: D.A.S. 1 055 470. - Ref. C. 1964. 51-2810.

Phosphatmodifizierte Stärke mit höherer Viscosität. International Minerals & Chemical Corp. (Erfinder: Sietsema, J.W. und Trotter, W.C.) F.P. 1 200 137 vom 3/1. 1958., ausg. 18/12. 1959. A. Prior. 31/1. 1957., id. mit: D.A.S. 1 055 470. - Ref. C. 1962. 8452.

Reinigung von phosphat-modifizierten Stärken. International Minerals & Chemical Corp. (Erfinder: Kodras, R.) A.P. 2 971 954 vom 24/6. 1958., ausg. 14/2. 1961. - Ref. C.A. 56. 6227e (1962). C. 1964. 6/7-2812. Ref.J.Chem.(russ.) 1962. 5 N358.

Trennung von Glucose-1-phosphat und Glucose-6-phosphat durch Papierchromatographie. Harrap, F.E.G. Nature (London) 182. 876 (1958).

Durch Alkaliphosphate modifizierte Stärke. International Minerals & Chemical Corp. (Erfinder: Sietsema, J.W. und Trotter, W.C.) A.P. 2 993 041 vom 31/1. 1957., ausg. 18/7. 1961.; id. mit: D.A.S. 1 055 470. - Ref. C. 1962. 19042. Ref.J.Chem.(russ.) 1962. 14 N349.

Phosphorsäureester der Stärke. Corn Products Co. E.P. 855 731 vom 1/4. 1957., ausg. 7/12. 1960. A.Prior. 6/4. 1956., id. mit: A.P. 2 884 413. - Ref. C. 1962. 12127.

Herstellung phosphatmodifizierter Stärken. International Minerals & Chemical Corp. Belg.P. 563 617 vom 30/12. 1957., ausg. 17/6. 1960. A.Prior 31/1. 1957. id. mit: D.A.S. 1 055 470. - Ref. C. 1961. 13748.

Herstellung von Alkalisalzen von Phosphorsäureestern der Stärke oder von Stärkederivaten. International Minerals & Chemical Corp. (Erfinder: Neukom, H.) Schwz.P. 347 512 vom 15/9. 1955., ausg. 31/8. 1960. A.Prior. 16/9. 1954., id. mit F.P. 1 143 049. - Ref. C. 1961. 14126.

Herstellung von Phosphorsäureestern der Stärke oder von Stärkederivaten. International Minerals & Chemical Corp. (Erfinder: Neukom, H.) Schwz.P. 347 511 vom 9/9. 1955., ausg. 31/8. 1960., id. mit F.P. 1 143 043. - Ref. C. 1961. 14126.

Phosphatstärke mit Zusatz von Alkalimetall und Harnstoff für industrielle Zwecke. International Minerals & Chemical Corp. (Erfinder: Hans Neukom) F.P. 1 143 049 vom 15/9. 1955., ausg. 25/9. 1957. A.Prior. 16/9. 1954. - Ref. C. 1958. 11094.

Phosphatstärke für industrielle Zwecke. International Minerals & Chemical Corp. F.P. 1 143 043 vom 9/9. 1955., ausg. 25/9. 1957. - Ref. C. 1958. 11094.

Herstellung von Alkaliphosphatstärke. International Minerals & Chemical Corp. (Erfinder: Neukom, H.) Aust.P. 203 853 vom 26/8. 1955., ausg. 22/11. 1956. A.Prior. 16/9. 1954., id. mit: F.P. 1 143 049. - Ref. C. 1962. 1442.

Herstellung von Stärkediphosphaten. Corn Products Refining Co. (Erfinder: Kerr, R.W. und Cleveland, F.C.) F.P. 1 141 364 vom 24/12. 1954., ausg. 2/9. 1957. A.Prior. 6/8. 1954. id. mit: E.P. 770 565. - Ref. C. 1961. 3842.

Herstellung von Distärkephosphaten. Corn Products Co., übert. von: Kerr, R.W. und Cleveland, F.C. jun. A.P. 2 938 901 vom 6/8. 1954., ausg. 31/5. 1960., id. mit: E.P. 770 565. - Ref. C. 1961. 12297. Stärke 14. 259 (1962).

Herstellung phosphatmodifizierter Stärke. International Minerals & Chemical Corp., übert. von: Neukom, H. A.P. 2 884 412 vom 4/9. 1953., ausg. 28/4. 1959. id. mit: F.P. 1 143 043. - Ref. C. 1960. 7367, Stärke 12. 279 (1960), C.A. 53. 15612g (1959).

Herstellung einer phosphatmodifizierten Stärke mit erhöhter Viscosität. International Minerals & Chemical Corp. D.A.S. 1 055 470 Kl. 89k vom 13/12. 1957., veröff. 16/4. 1959. A. Prior. 31/1. 1957. id.mit: F.P. 1 200 137, E.P. 857 868, A.P. 2 993 041 u. Schwz. P. 374 949. - Ref. C. 1960. 675, Stärke 11. 282 (1959), C.A. 55. 10932h (1961).

Stärke-Di-Phosphat. Corn Products Refining Co. E.P. 770 565 vom 20/3. 1957. - Ref. C.A. 51. 12526d (1957), C. 1958. 6118.

Stärkephosphatester. Corn Products Refining Co. (Kerr, R.W. u. Cleveland, F.C.) A.P. 2 852 393 vom 14/11. 1956., ausg. 16/9. 1958. - Ref. C.A. 53. 1797d (1959).

Stärke-orthophosphorsäureester. Corn Products Co., übert. von: Kerr, R.W. und Cleveland, F.C. A.P. 2 884 413 vom 6/4. 1956., ausg. 28/4. 1959. id. mit: E.P. 855 731. - Ref. C. 1960. 7366. Stärke 13. 90 (1961).

Phosphatstärke. International Minerals & Chemical Corp. E.P. 812 340 vom 25/8. 1955., ausg. 22/4. 1959. A.Prior. 16/9. 1954. id.mit: F.P. 1 143 049. - Ref. C. 1960. 11500.

Herstellung stabiler Stärkeverbindungen. Corn Products Refining Co. (R.W. Kerr u. F.C. Cleveland) F.P. 1 100 442 vom 3/4. 1954., ausg. 20/9. 1955. A.Prior. 7/12. 1954. - Ref. C. 1958. 2011.

Verfahren zur Herstellung von Stärkephosphorsäureestern, die Monostärkephosphat- oder bzw. und Distärkephosphatgruppen enthalten. Corn Products Refining Co. (R.W. Kerr und Cleveland, F.C.) D.A.S. 1 016 248 Kl. 12 o vom 22/4. 1954., veröff. 26/9. 1957. A.Prior. vom 28/10. 1953. - Ref. Stärke 10. 22 (1958).

Biologische Eigenschaften und chemische Synthese von Phosphatestern der Kohlenhydrate. Foster, A.B., Overend, W.G. und Stacey, M. Stärke. 5. 285-290 (1953).

Stärkephosphate. Corn Products Refining Co. E.P. 787 026 vom 28/10. 1953., ausg. 1/7. 1954. - Ref. C.A. 52. 8602b (1958).

Stärke-Di-Phosphat. Corn Products Refining Co. (R.W. Kerr u. Cleveland, F.C.) A.P. 2 801 242 vom 6/8. 1954., ausg. 30/7. 1957. - Ref. C.A. 51. 18666h (1957) Stärke 10. 327 (1958).

Phosphorylierung von Stärke. Lohmar, Rolland, Sloan, John, W. und Rist, C.E. J.Amer.chem.Soc. 72. 5717-20 (1950) - Ref. C. 1951. II. 1296.

Stärkepolysaccharidphosphate. United States of America, übert. von: Lohmar, R.L. A.P. 2 575 352 vom 25/3. 1949., ausg. 20/11. 1951. - Ref. C. 1954. 671, Stärke 4. 104 (1952), C.A. 46. 2324f (1952).

Über die Phosphorylierung von Stärkeabbauprodukten. Vogel, Hans Ber.dtsch.chem.Ges. 72. 2052-53 (1939) - Ref. C. 1940. I. 551.

Die Wirkung der freien Phosphorsäure und der phosphorsauren Kalisalze auf Stärke. Kühl, Hugo Mühle 74. Mühlenlabor 7. 95-100 (1937) - Ref. C. 1937. II. 2604.

Über die Phosphorylierung der Stärke durch Phosphate. Pringsheim, Hans und Loew, Fritz Bull.Soc.Chim.biol. 17. 1607-13 (1935) - Ref. C. 1936. I. 3700.

Verfahren zur Herstellung eines Stärkepräparates unter Verwendung von Alkalimetaphosphaten. Chemische Fabrik Joh.A. Benckiser G.m.b.H. Holl.P. 40 559 Kl. 89k vom 20/3. 1935., ausg. 16/4. 1937. A.Prior. vom 19/4. 1934.

Die Amylose und der Phosphorsäureester der Stärke und des Glykogens. Pringsheim, Hans und Ginsburg, S. Bull.Soc.Chim. biol. 17. 1599-1606. (1935) - Ref. C. 1936. I. 3700.

Studien über Pflanzenkolloide. 13. Über synthetische Amylophosphorsäuren. Samec, M. und Mayer, A. Kolloidchem.Beih. 16. 89-98 (1922) - Ref. C.A. 17. 270 (1923), C. 1923. I. 46. W.Ref. 603.

Über eine Verbindung der Stärke mit Phosphorsäure. Kerb, J. Biochem. Z. 100. 3-14 (1919) - Ref. C.A. 14. 2341 (1920) C. 1920. I. 284, W.Ref. 1088.

Herstellung kolloidallöslicher Calciumphosphat- und Calciumsulfat-Amylodextrinpräparate. Lecinwerk Dr.E.Laves D.R.P. 323 783,Kl. 12 o vom 31/10. 1918.

Weiteres über künstliche Darstellung von Kohlenhydratphosphorsäureestern und Glycerinphosphorsäure. Neuberg, C. und Kretschmer Biochem. Z. 36. 5-14 (1911) - Ref. C. 1911. II. 1591.

Über Kohlenhydratphosphorsäureester. I. Über Saccharosephosphorsäure. Neuberg, C. und Pollak, H. Biochem.Z. 23. 515-517 (1910) - Ref. C. 1910. I. 1233.

64 Stärke und Halogene

640. Allgemeines
641. Jod-Stärke
642. Chlor-Stärke und Halogen-Calcium-Stärke
643. Sonstige Halogen-Stärke-Verbindungen

640.Allgemeines

Lickkochende Halogenstärke. International Patents Development Co. (Erfinder: Kerr, R.W.) A.P. 2 108 862 vom 14/1. 1935., ausg. 22/2. 1938. id. mit: F.P. 819 374.

Halogenstärke. International Patents Development Co. F.P. 819 374 vom 18/3. 1937., ausg. 15/10. 1937. - Ref. C. 1938. I. 1894.

Über die Halogenverbindungen der Polyamylosen (Beiträge zur Chemie der Stärke XI). Pringsheim, Hans und Steingroever, Arnold Ber.dtsch.chem.Ges. 57. 1579-1581 (1924) - Ref. C. 1924. II. 2243. W.Ref. 649.

Über die Halogenverbindungen der Stärke. Bergmann, Max und Ludewig, Stephan Ber.dtsch.chem.Ges. 57. 961-963 (1924) - Ref. C. 1924. II. 457, W.Ref. 956.

641. Jod-Stärke

6411. Allgemeines
6412. Charakterisierung bestimmter Stärken durch Jod
6413. Reaktions- und Konstitutionsfragen
6414. Absorptionsspektrum der Jodstärke
6415. Jod-Farbgebung mit anderen Stoffen

6411.Allgemeines

(Vgl. auch "Einschlußverbindungen": 681)

Dauerfärbung mit Joddampf. Little, Ruby Rice Stain Technol. 32. 7-9 (1957) - Ref. C. 1958. 1664, C.A. 53. 13435b (1959).

Herstellung von beständigen Jod-Stärkeverbindungen. Schering, R. E.P. 501 246 vom 9/6. 1938., ausg. 23/3. 1939. - Ref. C. 1940. I. 1117.

Verfahren zur Herstellung von stabilen Jod-Stärke-Verbindungen. Williams, W.Ph. E.P. 501 246 vom 9/6. 1938.

Einfluß der Adsorption auf die Farbe von Solen und Fällungen. Dhar, N.R. J.Physical.Chem. 29. 1394-99. (1925) - Ref. C. 1926. I. 850.

Die Adsorption des Jods an Stärke. Angelescu, E. und Mircescu, J. Bulet.Scient.de Stiinte din Bucaresci 27. 59-64 (1924) - Ref. C. 1926. I. 329. C.A. 20. 686 (1926), W.Ref. 960 A.

Über Farbe und Dispersitätsgrad. II. Berczeller, L. und Wastl. H. Biochem.Z. 144. 170-174 (1924) - Ref. C. 1924. I. 1641. W.Ref. 954.

Stärke-Jodid. Hallgren, W. Svensk farmac. Tidskr. 27. 357-65 (1923) - W.Ref. 951.

Wirkung von Jod auf einige Kohlenhydrate. Vintilescu, J. und Faltis, D. Bull.Soc.chim.România 5. 59-63 (1923) - Ref. C.A. 18. 1475 (1924).

Über Jodstärke . (Auszug). Burgstaller, A. Chemiker-Ztg. 36. 589 (1913) - Ref. C.A. 7. 1833 (1913), W.Ref. 928.

Herstellung einer haltbaren Jodkaliumlösung. Reinhardt, C. Z. analyt.Chem. 25. 37 (1886) - W.Ref. 881.

Über Kaliumjodid. Payen, A. C.R.hebd.Séances Acad.Sci. 61. 466-473, 512-514 (1865) - W.Ref. 858.

Behandlung von Stärke für die Untersuchung mit Jod. Béchamp, A. Bull.Soc.Encouragement Ind.nat. 61. 187-188 (1862) - W.Ref. 1134.

Bemerkung über die Färbung der Stärke durch Jod. - Analytische Methode zum Nachweis der Stärke, wenn ihre Anwesenheit durch gewisse organische Substanzen verdeckt ist. Béchamp, A. J.Pharmac.Chim. 27. Sér. 3; 406-413 (1855) - W.Ref. 843.

Über lösliche Jodstärke und Verfahren zu ihrer Herstellung. Seput, A. J.Pharmac.Chim. 21. Sér. 3; 202-205 (1852) - W.Ref. 841.

Neue Bereitungsweise der Jodstärke. Boettger, R. Ann.Pharmazie 33. 338-340 (1840) - W.Ref. 835.

Entdeckung einer neuen Substanz im Tang. Courtois, B. Ann.Chimie 88. 304-10 (1813).

6412. Charakterisierung bestimmter Stärken durch Jod

(Vgl. auch "Amylose-Jod-Verbindungen": 757, "Amylopektin-Jod-Verbindungen": 765)

Die Jod-Affinität einiger Stärkearten. Elliassaf, J. und Bel Ayche, J. Stärke 17. 389-90 (1965).

Biochemische Untersuchungen von Reisstärke. 11.Mitt. Jodreaktion von nichtverkleisterter Reisstärke. Kurasawa, F., Igaue, I. und Hayakawa, T. J.agric.chem.Soc.Japan 37. Nr.1. 16-20 (1963) - Ref. C.A. 62. 9338d (1965).

Einheimische Stärken von Pakistan. 3. Mitt. Photomikrographische- und spektrophotometrische Untersuchung des Jod-Komplexes der Stärken von Curcuma zedoaria, Manihot utilissima (tapioca) und Ipomoea (Batate). Quadrat-i-Khuda, M., De, H.N., Haque, N.M. und Rahman, M. Pakistan J.sci.ind.Res. 5. 62-66 (1962) - Ref. C.A. (M.) 58. 4720c (1963).

Reaktion von Jod mit der Stärke aus "Waxy-Mais". Tolmasquim, E. und Rosenthal, F.R.T. An.Acad.brasil.Ci. 33. 309-20 (1961) - Ref. C. 1963. 22929.

Untersuchungen über die in den Geweben der Reispflanze enthaltene Stärke. 5.Mitt. Beschaffenheit der Stärke in glutinösen Sorten. Sato, K. Proc.Corp Sci.Soc.Japan 28. 28-29 (1959).

Die Bindung von Jod durch Stärke, gewonnen aus Reis früher und später Saat. Suzuki, Y. und Minoru, T. J.Utilizat.Agric.Prod. 6. 187-89 (1959) - Ref.J.Chem.(russ.) 1960. Nr. 71203.

Komponenten von Triticum vulgare und Triticum durum. 2.Mitt. Jodbindung-Kapazität der Stärke von weichem und hartem Weizen. Leo, T.de, Marco, M.R.de und Badolato, F. Ricerca sci. 27. 2120-27 (1957) - Ref. C.A. 52. 1367f (1958), C. 1964. 29-1223.

Die Fähigkeit einiger nativer Stärken aus indischen Futtergetreiden zur Jodbindung. Singh, S., Nath, N. und Nath, H.P. Biochem.J. 63. 718-20 (1956) - Ref. C. 1957. 971, Stärke 8. 288. (1956).

Bemerkung zu einem histochemischen Reagens. Beitrag zur Kenntnis der Färbung von Stärke durch Jod. Chatelier, G.G.du Ann. pharmac.franc. 8. 644-48 (1950) - Ref. C. 1956. 135'9.

Die spezifische Veränderung der Jodreaktion von Süßkartoffelstärke durch einige Mikroorganismen. Takaoka, K. Mem.Inst.sci. ind.Res., Osaka Univ. 7. 159-62 (1950) - Ref. C. 1950-54 S. 3962.

Bestimmung der Jodfärbung von Stärken und Stärkefraktionen. Watson, St.A. und Whistler, R.L. Ind.Engng.Chem., analyt. Edit. 18. 75-76 (1946) - Ref. C. 1947. 676, Stärke 2. 236 (1950).

Die Verwendung von Jod-Phenol zum histochemischen Nachweis kleinster Stärkemengen. Kisser, Josef, Mikrochemie, Festschrift für Friedrich Emich 1930. 175-79. - Ref. C. 1931. II. 749.

Über die physikalischen und chemischen Eigenschaften der Kaoliangstärke. I. Die Adsorption von Jod und Chlor durch Kaoliangstärkekörnchen. Miki, Shoji Abstr.Rep.Centr.Labor.South Manchuria Railway Comp. 1929. 24-26. - Ref. C. 1931. I. 2549.

Spezifische Makroreaktion der Stärke. (Wirkung von Joddämpfen auf verschiedene Stärken). Marino, V. Ann.Igiene 36. 581-84. (1926) - Ref. C. 1926. II. 2503.

Über eine Methode zur Unterscheidung der verschiedenen stärkehaltigen Stoffe durch Joddämpfe. Dubosc, A. Chemiker-Ztg. 28. 1149 (1904) - W.Ref. 1826.

Über die Bindung von Jod durch Weizen- und Reisstärke. Rouvier, E.G. C.R.hebd.Séances Acad.Sci. 124. 565-566 (1897) - Ref. C. 1897. I. 804, W.Ref. 906.

Zu F.W. Dafert's: Über Stärkekörner, welche sich mit Jod rot färben. Meyer, A. Ber.dtsch.bot.Ges. 5. 171-81 (1887).

Über Stärkekörner, welche sich mit Jod roth färben. Dafert, F.W. Ber.dtsch.bot.Ges. 5. 108-114 (1887) - Ref. C. 1887. 567, W. Ref. 882.

Über Stärkekörner, welche sich mit Jod rot färben. Meyer, A. Ber.dtsch.bot.Ges. 4. 337-62 (1886).

Neue Methode der Prüfung von Tapioka durch Jod. Marchand, E. J.Pharmac.Chim. 45. Sér. 3; 308-311 (1864) - W.Ref. 1802.

Einwirkung von Jod auf Cacaostärke. (Auszug). Payen, A. J.Pharmac.Chim. 41. Sér. 3; 367 (1862) - Ref. C. 1864. 544, W.Ref. 1800.

Beiträge zur Kenntnis der Eigenschaften der Stärke. 1. Über das Verhalten einiger Stärkearten gegen Wasser, Alkohol und Jodlösungen. Pohl, J.J. J.prakt.Chem. 83. 35-41 (1861) - W.Ref. 853.

Über die Färbung verschiedener Stärkearten durch Joddampf. (Auszug). Gobley. Dingler's polytechn.J. 92. 128-130 (1844) - W. Ref. 1793.

6413. Reaktions- und Konstitutionsfragen

(Auch Literatur vor 1865. Vgl. auch "Stärke in der Analytik": 49, "Methoden der Stärkebestimmung": 51, "Amylose-Jod-Verbindungen": 757, "Amylopektin-Jod-Verbindungen": 765)

Die Reaktion von Stärke mit Jod. Eliassaf, J. und Lewin, M. Nature (London) 201. 1023-24 (1964) - Ref. C. 1965. 24-1110.

Die Adsorption von Jod an Stärke. Eliassaf, J. und Lewin, M. Israel J.Chem. 1. 261-62 (1963) - Ref. C. 1965. 16-1090. Stärke 17. 135 (1965).

Einige thermodynamische Charakteristiken der Bildungsreaktion von Jodstärke. Jatzimirski, K.B. und Morosowa R.P. Hochschulnachr.(Iwanowo), Chem.u.chem.Technol.(russ.) 6. 925-29 (1963) - Ref. C. 1965. 7/8-1136.

Eine Methode zur amperometrischen Titration für die Bestimmung der Adsorption von Jod durch Stärke. 1.Mitt. Suzuki, H. J.technol.Soc.Starch 10. 107 10 (1963) - Ref.J.Chem.(russ.) 1964. 3 R305.

Amperometrische Titration von Stärke mit Jod. 3.Mitt. Titration verschiedener Polysaccharide vom Stärketyp. Kobayashi, T. und Kobayashi, N. Agric.biol.Chem. (Tokyo) 27. 438-44 (1963) - Ref. C. 1964. 11-1824. C.A. 59. 15591a (1963).

Mechanismus der Jod-Stärkereaktion. Mochnatsch, W.O. und Russakowa, N.M. Ber.Akad.Wiss.UdSSR(russ.) 145. 1290-93 (1962) - Ref. C.A. (M.) 58. 3499b (1963), C. 1966. 18-1144.

Die Stärke-Jod-Jodid-Wechselwirkung. 2.Mitt. Potentiometrische Untersuchungen. Thoma, J.A. und French, D. J.physic.Chem. 65. 1825-28 (1961) - Ref. C. 1962. 17058.

Die metallische Natur des Komplexes aus Stärke und Jod. Bersohn, R. und Isenberg, L. J.chem.Physics 35. 1640-43 (1961) - Ref. C. 1962. 11220.

Die Reaktion von Jod- und Jodidionen in Gegenwart und Abwesenheit von Polysacchariden. Effenberger, J.A. Univ.Microfilms (Ann Arbor,Mich.), Publ.Nr. 61-3033. 116 S. - Ref. C.A. 56. 615e (1962).

Die Stärke-Jodreaktion. Holló, J. und Szejtli, J. Brauwissenschaft 13. 348-52,380-86 (1960) - Ref. C.A. 55. 5083i (1961). Stärke 13. 351 (1961).

Bestimmung des Jod-Bindungsvermögens von Stärke durch Elektrotitration. 2.Mitt. Die Bestimmungs-Methodik und Vergleich mit anderen Methoden. Kobayashi, T. und Yoshida, T. J.technol.Soc. Starch (Japan) 8. 48-55 (1960) - Ref. C.A. 57. 11439c(1962), Stärke 14. 440 (1962).

Bestimmung der Jodbindungsfähigkeit von Stärke durch amperometrische Titration. Ito, M. und Yoshida, S. Bull.agric.chem.Soc. Japan 23. 34-39 (1959) - Ref. Stärke 12. 345 (1960), Stärke 15. 159 (1963).

Über den Mechanismus der Jod-Stärke-Reaktion. 3.Mitt. Strukturannahme der Jod-Amylose. 4.Mitt. Die Struktur der gelösten Amylose-Moleküle. Holló, J. und Szejtli, J. Periodica Polytechn.(Budapest), chem.Ingenieurwes. 2. 25-37 (1958) - Ref. C.A. 52. 18231i (1958), C. 1963. 21965.

Der Mechanismus der Stärke-Jod-Reaktion. 2.Mitt. Untersuchungen zur Aufklärung unserer Probleme. Holló, J. und Szejtli, J. Periodica Polytechn.(Budapest), chem. Ingenieurwes. 1. 223-38 (1957) - Ref. C.A. 52. 12437e (1958), C. 1962. 4946.

Über den Mechanismus der Jod-Stärke-Reaktion. 1.Mitt. Kritische Betrachtungen zu bisher gebrachten Untersuchungen. Holló, J. und Szejtli, J. Periodica Polytechn.(Budapest) chem.Ingenieurwes. 1. 141-45 (1957) - Ref.C.A. 52. 10695f (1958),C.1961.18715.

Untersuchung der Jod-Reaktion von Stärke. Holló, J. und Szejtli,J. Fette Seifen einschl. Anstrichmittel 59. 94-98 (1957) - Ref. C.A. 52. 6823b (1958), C. 1959. 13339.

Die Einwirkung von Jod und Wasserstoff auf Kohle, Holz und Kohlenhydrate. Geerards, J.J.T.M., Krevelen, D.W. van und Waterman, H.I. Ann.Mines Belgique 1957. 971-72. - Ref. C. 1959. 5667.

Untersuchung über die Struktur von Stärke. 2.Mitt. Die Bestimmung der Jodadsorption durch amperometrische Titration. Coton, L., Lampitt, H. und Fuller, C.H.F. J.Sci. Food Agric. 6. 660-64 (1955) - Ref. C.A. 50. 6077i (1956), C. 1959. 4585.

Physiko-chemische Studien an Stärken. 3.Mitt. Reaktion von Stärke und verzweigten α-Glucosanen mit Jod; und ein Röhren-Mikrovoltmeter für differential potentiometrische Titrationen. Anderson, D.M.W. und Greenwood, C.T. J.chem.Soc. (London) 1955. 3016-23. - Ref. C.A. 50. 6078e (1956), C. 1959. 6900.

Amperometrische Methode zur Bestimmung der Sorption von Jod durch Stärke. Larson, B.L. Analytic.Chem. 25. 802-804 (1953).

Über den Jod-Stärke-Komplex. Ono, Sozaburo, Tsuchihashi, S. und Kuge, Takashi. J.Amer.chem.Soc. 75. 3601-02 (1953) - Ref. C. 1954. 725, C.A. 48. 1719d (1954).

6413

Über die Jod-Affinität von Glykogen und Stärke. Kushimoto, T. und Hosoya, J. Tokyo Jikeikai med.J. 67. 46-47 (1953).

Jod-Stärke-Farbreaktion bei Stärkelösungen, die freie Fettsäuren enthalten. Takaoka, Ken-ichi und Nikuni, Ziro J.Fermentat Technol. Japan 30. 486-90 (1952).

Beschreibung der Methode zur Bestimmung der Jodsorption, der reduzierten Jodsorption und der Normalmercerisation. 5.Mitt. Schwertassek, K. Faserforsch. u. Textiltechn. 3. 87-95 (1952) - Ref. C. 1952. 5996.

Beitrag zur Kenntnis über die Färbung von Stärke mit Jod. Gazet du Chatelier, G. Ann.pharmac.franc. 8. 644-49 (1950).

Stärke-Jod-Komplexe. Gilbert, G.A. und Mariott, J.V.R. Trans. Faraday Soc. 44. 84-93 (1948) - Ref. C. 1949. I. 1122.

Untersuchungen über die Struktur der Polysaccharide. 4.Mitt. Beziehungen zwischen der Farbe der Jodkomplexe und der Struktur. Swanson, M.A. J.biol.Chemistry 172. 825-37 (1948) - Ref. C. 1948. E.66

Über die Art der Wechselwirkung von Stärke und Jod. Stein, R.S. und Rundle, R.E. J.chem.Physics 16. 195-207 (1948) - Ref. C. 1949. I. 893.

Die Farbreaktion der Polysaccharide mit Jod. Stepanenko, B.N. Fortschr.Chem.(russ.) 16. 708-27 (1947) - Ref. C. 1948. II. 494.

Beobachtungen über den Stärke-Jodkomplex. Choudhury, A.K.R. Sci. and Cult. 13. Nr.1. 40-41 (1947).

Über Jod-Stärke. Sutra, R. Bull.Soc.chim.France Mem. (5) 14. 737-38 (1947) - Ref. C. 1947. E.1312.

Über die Reaktion von Jod mit Stärke und die Schardinger-Dextrine. Dube, H.A. Iowa State Coll. J.Sci. 22. 19-20 (1947).

Die Wechselwirkung von Jod und Stärke. 2.Mitt. Jod-Ionen-Gehalt bei Stärke-Komplexen. Mukherjee, S. und Bhattacharyya, S. J.Indian chem.Soc. 23. 459-60 (1946) - Ref. C.A. 42. 395 (1948).

Wechselwirkung von Jod und Stärke. 1.Mitt. Mukherjee, S. und Bhattacharyya, S. J.Indian chem.Soc. 23. 121-32 (1946) - Ref. C.A. 41. 3645 (1947), C. 1946. II. 3064.

Über die Natur von Stärke-Jod-Komplexen. Rundle, R.E., Foster, J. F. und Baldwin, R.R. J.Amer.chem.Soc. 66. 2116-20 (1944) - Ref. C.A. 39. 1310 (1945).

Die Konfiguration der Stärke im Stärke-Jod-Komplex. III. Untersuchungen über die Röntgenstrahlendiffraktion des Stärke-Jodkomplexes. Rundle, R.E. und French, D. J.Amer.chem.Soc. 65 1707-10 (1943) - Ref. C. 1945. I. 1374.

Die Konfiguration der Stärke und des Stärke-Jod-Komplexes. 1.Mitt. Der Dichroismus von fließenden Stärke-Jod-Lösungen. Rundle, R. E. und Baldwin, R.R. J.Amer.chem.Soc. 65. 554-58 (1943) - Ref. C. 1946. II. 2236.

Untersuchungen über Stärke. XIV. Die Farbreaktion des Jods mit Stärke und Glykogen. Meyer, K.H. und Bernfeld, P. Helv.chim. Acta 24. 389-93 (1941) - Ref. C. 1941. II. 340.

<u>Die Jodreaktion auf Glykogen und Stärke in Gegenwart von Adrenalin</u>. Marquardt, Peter Klin.Wschr. <u>1939</u>. II. 1396-97

<u>Die Jodreaktion in Gegenwart von Eiweiß</u>. Markewitsch, I. Colloid J.(russ.) <u>5</u>. 63-67 (1939) - Ref. C. <u>1939</u>. II. 2449.

<u>Photoelektrische Colorimetrie. VIII. Das Jod-Stärkesystem</u>. Müller, Ralph H. und Mary Helen Mc Kenna J.Amer.chem.Soc. <u>58</u>. 1017-20 (1936) - Ref. C. <u>1936</u>. II. 3152.

<u>Eine weitere Studie über die Jodstärkereaktion</u>. Tiller, L.W. New Zealand J.Sci. Technol. <u>17</u>. 207-09 (1936) - Ref. C. <u>1936</u>. II. 2467.

<u>Zur Kinetik schnellverlaufender Reaktionen. II. Jodstärke</u>. Halban, H. von und Eisner, H. Helv.chim.Acta <u>19</u>. 915-27 (1936) - Ref. C. <u>1937</u>. I. 8

<u>Einige Bemerkungen zur Jod-Stärkereaktion</u>. Iterson jr., G.v. und Coumou, J. Kon.Akad.Wetensch.Amsterdam Proc. <u>38</u>. 700-06. (1935) - Ref. C. <u>1936</u>. II. 1982.

<u>Über die Empfindlichkeit der Jodstärkereaktion</u>. Korenman, I.M. Mikrochemie <u>15</u>. 25-31 (1934) - Ref. C. <u>1934</u>. II. 3991.

<u>Zur Frage der Umsetzung des Jodes mit Stärke</u>. Nedswetzki, S.W. Bull.Acad.Sci. URSS (russ) (7) <u>1934</u>. 1561-70. - Ref. C. <u>1936</u>. I. 1823.

<u>Zur Kenntnis der lyophilen Kolloide. X. Mitt. Capillarelektrische Ladung und Hydratation als Zustandsvariable der hydrophilen Gele. II. Die Jodadsorption am Agargel und am Stärkekorn</u>. Bungenberg de Jong, H.G. und Lanzing, J.C. Kolloid-Beih. <u>35</u>. 89-122 (1932) - Ref. C. <u>1932</u>. I. 2822.

<u>Die Jodstärkereaktion</u>. Turner, R.G. und Weeks, Minna Z. J.Amer. chem.Soc. <u>54</u>. 829-30 (1932) - Ref. C. <u>1932</u>. II. 899.

<u>Untersuchungen über die Jodstärkereaktion</u>. Field, John J.biol. Chemistry <u>92</u>. 413-19 (1931) - Ref. C. <u>1931</u>. II. 3639.

<u>Der Einfluß der Nitrite, Rhodanide und einiger organischer Stoffe auf die Jod-Stärkereaktion</u>. Ernst, Z. Biochem.Z. <u>232</u>. 346-51 (1931) - Ref. C. <u>1931</u>. I. 3489.

<u>Einwirkungen der Jodkonzentration auf die Färbung der Stärke</u>. Reilhees, R. Rev.gén.Bot. <u>43</u>. 177-90 (1931).

<u>Untersuchungen über die Konstitution der Jodstärke</u>. Lottermoser, A. und Ott, Adolf Kolloid-Z. <u>52</u>. 138-59 (1930) - Ref. C. <u>1930</u>. II. 2359.

<u>Die Jodstärke-Reaktion: Stabilität und Proportionalität der Färbung, die durch kleine Jodmengen erzeugt wird</u>. Turner, R.C. J.Amer.chem.Soc. <u>52</u>. 2768-73. (1930) - Ref. C. <u>1930</u>. II. 1738.

<u>Über die Natur der gefärbten Produkte, die bei der Einwirkung von Jod auf Stärke und ihre Derivate entstehen</u>. Pictet, Amé und Vogel, Hans An.Soc.españ.Fisica Quim. <u>27</u>. 450-53 (1930) - Ref. C. <u>1930</u>. I. 2545.

<u>Der Einfluß der Temperatur auf die blaue Jodstärkereaktion</u>. Angelescu, E. und Mircescu, J. Bul.Soc.Chim.România <u>11</u>. 81-98 (1929) - Ref. C. <u>1930</u>. I. 2770.

<u>Beitrag zur Kenntnis der von Jod in Gegenwart von Stärke verursachten Blaufärbung</u>. Angelescu, E. und Mircescu, J. J.Chim. physique <u>25</u>. 327-42 (1928) - Ref. C. <u>1928</u>. II. 438.

Wechselwirkung zwischen Jod und Stärke. Gorbatschow, S. und Winogradowa, E. J.russ.physik.-chem.Ges.(russ.) 59. 433-58 (1928) - Ref. C. 1928. I. 171.

Von Bedingungen, unter welchen die Jod-Stärke-Reaktion und ihrer klassischen Form nicht stattfindet. Gramenitzki, M. Biochem. Z. 185. 427-29 (1927) - Ref. C. 1927. II. 808.

Über das Verhalten der Stärke gegen Jod. Staiger Z.Spiritusind. 50. 300 (1927).

Über die Wechselwirkung zwischen Jod und Stärke. Gorbatschew, S. und Winogradowa, E. Z.physik.Chem. 127. 93-107 (1927) - Ref. C. 1927. II. 907.

Lichttitration. I. Die Jodstärkereaktion. Field 2nd,John und Baas-Becking, L.G.M. J.gen.Physiol. 9. 445-50 (1926) - Ref. C. 1926. II. 76.

Die Rolle des Wassers bei der Jod-Stärkereaktion. Field, John Ber.ges.Physiol. 36. 583 (1926) - Ref. C. 1927. I. 532.

Über die Umwandlung der Stärke in der Jodstärke, die der Wirkung der ultravioletten Strahlen ausgesetzt ist. Rousseau, E. C.R. Séances soc. Biol. 93. 1482-83 (1925) - Ref. C. 1926. I. 2125. W.Ref. 962 A.

Die Zusammensetzung der Jodstärke. Murray, H.D. J.chem.Soc. (London) 127. 1288-94. (1925) - Ref. C. 1925. II. 1264, W.Ref. 962.

Studien über Pflanzenkollide. XVI. Verhalten der Stärkekomponenten zu Jod und ihre kolloidale Schutzwirkung. Nach Versuchen von R. Klemen. Samec, M. Kolloid-Beih. 21. 55-77 (1925) - Ref. C. 1926. I. 1379, W.Ref. 623.

Untersuchungen über die Natur der Stärke. IV. Über die Jodstärkereaktion. Nagai, Kikuo. Acta Scholae med.Univ.Imp.Kioto 8. 75-85 (1925) - Ref. C. 1927. I. 2538.

Über die Rolle des Wassers bei der Jod-Stärke-Reaktion. Field, John, Proc.Soc.exper.Biol.Med. 23. 310-12 (1925).

Die Jodstärke-Reaktion. Dhar, N.R. J.physik.Chem. 28. 125-130 (1924) - Ref. C.A. 18. 1413 (1924), C. 1924. I. 1490, W.Ref. 957.

Blaue Adsorptionsverbindungen von Jod. 4. Barger, G. und Eaton, F.J. J.chem.Soc. (London) 125. 2407-2414 (1924) - Ref. C.A. 19. 619 (1925), W.Ref. 953.

Untersuchungen über die Jodstärke. Lottermoser, A. Z.angew.Chem. 37. 84-85 (1924) - Ref. C. 1924. I. 1491, W.Ref. 958.

Die Jodstärkereaktion. Sen, K.C. Chem.News 129. 194-196 (1924) - Ref. C. 1924. II. 2322.

Jodstärke-Reaktion. (Auszug). Sen, K.C. J.Soc.Dyers Colourists 40. 384 (1924) - Ref. C. 1924. II. 2322, W.Ref. 960.

Die Verteilung von Jod zwischen Chloroform und Stärkelösung mit und ohne Zusatz von Jodkalium. Firth, J.B. und Watson, F.S. J.Soc.chem.Ind. 42. T.308-310 (1923) - Ref. C. 1924. I. 689. W.Ref. 950.

Über Jodstärke. 2. Mitt. Berczeller, L. Biochem.Z. 133. 502-508 (1922) - Ref. C. 1923. III. 298, W.Ref. 946.

Über die Bindung des Jods an Stärke. 2.Mitt. Euler, Hans, v. und Landergren, St. Kolloid-Z. 31. 89-90 (1922) - Ref. C. 1923. I. 1617, W.Ref. 948.

Über die Bindung des Jods an Stärke. I.Mitt. Euler, Hans v. und Bergmann, St. Kolloid-Z. 31. 81-89 (1922) - Ref. C. 1923. I. 1616, W.Ref. 947.

Verbindungen von Jod mit Bestandteilen der Stärke. Euler, H.v. und Myrbäck Karl Liebigs Ann.Chem. 428. 1-24 (1922) - Ref. C. 1922. III. 987, W.Ref. 949.

Über die Aufnahme von Jod durch Stärke. Euler, H.v. und Myrbäck, Karl Ark. Kem.Mineralog Geol. 8. Nr.9 1-29 (1921) - Ref. C. 1922. III. 489, W.Ref. 943.

Katalytische Wirkung von Benzylalkohol. Jacobson, J. C.R.Séances Soc.Biol. Filiales 85. 299-300 (1921) - Ref. C. 1921. III. 1463.

Die Jodamylumreaktion. Kolthoff, J.M. Z.analyt.Chem. 60. 338-341 (1921) - W.Ref. 944.

Die Konstitution der Jodstärke. Lottermoser, A. Z.Elektrochem. 27. 496-501 (1921) - Ref. C. 1922. I. 738.

Die Konstitution der Jodstärke. Lottermoser, A. Z.angew.Chem. 34. 427-428 (1921) - Ref. C. 1921. III. 945. W.Ref. 945.

Untersuchungen über die Adsorptionsverbindungen und Adsorption. I.Mitt. Über Jodstärke. Berczeller, L. Biochem. Z. 84. 106-17 (1917) - Ref. C. 1918. I. 335 , W.Ref. 936.

Empfindlichkeit der Jodstärke Reaktion. Lorenz, A.W. Chemist-Analyst 19. Oct. 20-21 (1916) - Ref. C.A. 11. 1936 (1917), W.Ref. 935.

Der störende Einfluß einiger physiologisch wichtiger Substanzen auf die Farbreaktion zwischen Jod und Stärke. Clementi, A. Arch.Farmacol.sperim Sci. affini 20. 258-68 (1915) - Ref. C. 1916. I. 179, W.Ref. 930.

Über das Verhalten der Jodstärke gegen die Pukallsche Tonzelle und Vaninos Reagens. Vanino, L. und Schinner, A. Arch.Pharmaz. 253. 47-51 (1915) - Ref. C. 1915. I. 528, W.Ref. 931.

Die Farbenreaktionen der Stärke und ihrer hydrolytischen Spaltungsprodukte mit Jod. Harrison, W. Kolloid-Z. 9. 5-9 (1911) - Ref. C.A. 6. 18 (1912), C. 1911. II. 1434, W.Ref. 925.

Neue Untersuchungsmethode der durch Jod in Gegenwart von Dextrinen hervorgerufenen Färbungen. Rivat, G. Chemiker-Ztg. 34. 1141 (1910) - Ref. C.A. 5. 257 (1911), C. 1910. II. 1724, W.Ref. 924.

Die Jodstärke-Reaktion. Harrison, W. J.chem.Soc. (London) Proc. 26. 252-253 (1910) - Ref. C.A. 5. 2769 (1911), W.Ref. 923.

Über das Anfärben der Partikel der Kolloidalstärke und der vollkommen löslichen Stärke durch Jod-Jodkalium. Castoro, N. Gazz.chim.ital. 39. T.1; 603-607 (1909) - Ref. C. 1909. II. 974, W.Ref. 921.

Beobachtungen zu einer Arbeit "Über die Natur der Jodstärke." Padoa, M. Atti Reale Accad.naz.Lincei, Rend. 17. Ser. 5; Sem. 1; 214-215 (1908) - Ref. C. 1908. I. 1457, W.Ref. 920.

Über die Natur der Jodstärke. Katayama, M. Z.anorg.Chem. 56. 209-217 (1908) - Ref. C.A. 2. 749 (1908), C. 1908. I. 239, W.Ref. 919.

Studien über das Perhalogen-Salz. (Teil 1.) Tinkler, Ch. K. J.chem.Soc.(London) 91. 996-1003 (1907) - Ref. C. 1907. II. 512, W.Ref. 918.

Über die Natur der Jodstärke. Padoa, M. und Savaré, B. Atti Reale Accad.naz.Lincei, Rend. 14. Ser. 5; Sem. 1; 467-476 (1905) - Ref. C. 1905. I. 1593, W.Ref. 916.

Stärke-Jodid. Andrews, L.W. und Göttsch, H.M. J.Amer.chem.Soc. 24. 865-881 (1902) - Ref. C. 1902. II. 1035, W.Ref. 910.

Jodmilchsäure als Reagens für Stärke. (Auszug). Lagerheim, G. J.Soc.chem.Ind. 20. 1245 (1901) - W.Ref. 1825.

Die Reduktion von Selendioxyd durch Natriumthiosulfat. Norris, J. F. und Fay, H. Amer.chem.J. 23. 119-125 (1900) - W.Ref. 909.

Über chemische Bindung zwischen colloiden und krystalloiden Substanzen. Friedenthal, H. Zbl.Physiol. 13. 54-58 (1899) - Ref. C. 1899. I. 1161, W.Ref. 908.

Zur Konstitution der Jodstärke. Musset, F. Pharmaz.Zentralhalle Deutschland 37. 556-557 (1896) - Ref. C. 1896. II. 661, W.Ref. 905.

Jodstärke und Jodcholsäure. Mylius, F. Ber.dtsch.chem.Ges. 28. 385-390 (1895) - Ref. C. 1895. I. 793, W.Ref. 903.

Über die Bindung von Jod durch Kartoffelstärke. Rouvier, E.G. C.R.hebd.Séances Acad.Sci. 120. 1179-1180 (1895) - W.Ref. 904.

Über die blaue Jodstärke und die blaue Jodcholalsäure. Küster, F. W. Ber.dtsch.chem.Ges. 28. 783-785 (1895) - Ref. C. 1895. I. 1113, W.Ref. 902.

Von der Jodreaktion auf Stärke. Duclaux, E. Ann.Inst.Pasteur 8. 863-867 (1894) - Ref. C. 1895. I. 329, W.Ref. 548.

Das blaue Jodid der Stärke. Roberts, C.F. Amer.J.Sci. 47. Ser.3; 422-429 (1894) - Ref. C. 1894. II. 147, W.Ref. 900.

Über die Bindung von Jod durch Stärke. Rouvier, E.G. C.R. hebd. Séances Acad.Sci. 118. 743-744 (1894) - W.Ref. 901.

Studien über die Jodstärke-Reaktion. Meineke, C. Chemiker-Ztg. 18. 157-160 (1894) - Ref. C. 1894. I. 525, W.Ref. 899.

Jodometrische Versuche und Beitrag zur Kenntnis der Jodstärke. Lonnes, C. Z.analyt.Chem. 33. 409-436 (1894) - W.Ref. 898.

Über die blaue Jodstärke und die molekulare Struktur der gelösten Stärke. Küster, F.W. Liebigs Ann.Chem. 283. 360-379 (1894) - Ref. C. 1895. I. 271, W.Ref. 897.

Über die blaue Jodstärke und die molekulare Struktur der gelösten Stärke. Küster, F.W. Liebigs Ann.Chem. 283. 360-80 (1894) - Ref. C. 1894. I. 271.

Über die Bindung von Jod durch Stärke. Rouvier, E.G. C.R.hebd. Séances Acad.Sci. 117. 281-282 (1893) - Ref. C. 1893. II. 530, W.Ref. 895.

Über die Bindung von Jod durch Stärke. Rouvier, E.G. C.R.hebd. Séances Acad.Sci. 117. 461 (1893) - Ref. C. 1893. II. 935, W.Ref. 896.

Über die Bindung von Jod durch Stärke. Rouvier, E.G. C.R. hebd. Séances Acad.Sci. 114. 1366-1367 (1892) - W.Ref. 893.

Über die Bindung von Jod durch Stärke. Rouvier, E.G. C.R. hebd. Séances Acad.Sci. 114. 749-750 (1892) - W.Ref. 892.

Über die Bindung von Jod durch Stärke. Rouvier, E.G. C.R. hebd. Séances Acad.Sci. 114. 128-129 (1892) - W.Ref. 891.

Über die durch Chlorjod und Bromjod bewirkte violette Färbung der Stärkelösung. Beckurts, H. und Freytag, W. Pharmaz.Zentralhalle Deutschland 27. 231-232 (1886) - Ref. C. 1886. 454-455, W.Ref. 879.

Beitrag zur Frage der Konstitution der Jodstärke. Tóth, J. Chemiker-Ztg. 15. 1523, 1583-1584 (1891) - Ref. C. 1892. I. 27, W.Ref. 890.

Jodid von Stärke. Stocks, H.B. Chem.News 57. 183-184 (1888) - W. Ref. 886.

Jodid von Stärke. Stocks, H.B. Chem.News 56. 212-213 (1887) - W. Ref. 885.

Über die blaue Jodstärke. Mylius, J. Ber.dtsch.chem.Ges. 20. 688-695 (1887) - W.Ref. 884.

Über die blaue Jodstärke und die blaue Jodcholsäure. Mylius, F. Hoppe-Seyler's Z.physiol.Chem. 11. 306-347 (1887) - Ref. C. 1887. 539, W.Ref. 883.

Über das Bleichen von Jodstärke durch Wärme. Tomlinson, Ch. Philos.Mag. 20. Ser. 5; 168-171 (1885) - W.Ref. 878.

Über Jodstärke. Theorie ihrer Entfärbung durch Wärme und ihrer Wiedereinfärbung durch Abkühlung. Pellet, H. Monit.sci. Dr. Quesneville 7. Sér. 3; 988-990 (1877) - W.Ref. 875.

Über die Jodstärke. Bondonneau, L. C.R.hebd.Séances Acad.Sci. 85. 671-673 (1877) - Ref. C. 1877. 756, W.Ref. 873.

Beobachtungen über Jod als Reagens für Stärke. Puchot, E. C.R. hebd.Séances Acad.Sci. 83. 225-226 (1876) - Ref. C. 1876. 649 W.Ref. 871.

Über die Entfärbung des Jodamylons. Vogel, A. Buchner's neues Repertor.Pharmac. 25. 565-567 (1876) - Ref. C. 1876. 738, W. Ref. 872.

Jodstärke. (Auszug). Vogel, A. Jber.Chem. 1873. 829. - W.Ref. 870.

Bemerkung über die Verbindung von Stärke mit Jod. Sonstadt, E. Chem.News 28. 248 (1873) - W.Ref. 869.

Über Jodstärke. Personne, J. C.R.hebd.Séances Acad.Sci. 74. 617 (1872) - W.Ref. 868.

Über Stickstoffjodid. Husson, C.R.hebd.Séances Acad.Sci. 75. 549-551 (1872) - W.Ref. 865.

Über Jodstärke. Duclaux, E. C.R.hebd.Séances Acad.Sci. 74. 533-534 (1872) - W.Ref. 864.

Untersuchungen über Stärke und Dextrin. Griessmayer, V. Bayerische Bierbrauer 6. 55-60, 74-77, 89-94 (1871) - Ref. C. 1871. 636-639, W.Ref. 158.

Über das Verhalten von Stärke und Dextrin gegen Jod und Gerbsäure. Griessmayer, V. Ann.Chem.Pharmaz. 160. 40-56 (1871) - W.Ref. 863.

Über lösliche Jodstärke und ihre Entfärbung durch Wärme. Petit, A. J.Pharmac.Chim. 12. Sér. 4; 86-89 (1870) - W.Ref. 862.

Neue Theorie über die Entfärbung der Jodstärke durch Wärme und ihre Färbung durch Abkühlung. Pellet, H. Bull.Soc.chim.(Paris) 7. 147 (1867) - W.Ref. 861.

Über die Entfärbung der Jodstärke durch Wärme. Payen, A. C.R. hebd.Séances Acad.Sci. 61. 1021-1023 (1865) - W.Ref. 860.

Über die Entfärbung von Jodstärke durch Wärme. Personne, J. C.R. hebd.Séances Acad.Sci. 61. 993-994 (1865) - W.Ref. 859.

Über die Reaction von Jod auf Stärkekörner und Zellmembranen. Nägeli, C.v. Buchner's neues Repertor.Pharmac. 12. 154-184, 497-530 (1863) - W.Ref. 529.

Über die Reaction von Jod auf Stärkekörner und Zellmembranen. Nägeli, C.v. Buchner's neues Repertor.Pharmac. 13. 145-181, 241-261 (1864) - W.Ref. 529.

Notiz über Entfärbung des Jodamylums. Kemper, R. Arch.Pharmazie 165. 252-254 (1863) - W.Ref. 857.

Einwirkung von Jod auf Stärke. Guichard, P. Bull.Soc.chim.(Paris) 5. 115-116 (1863) - Ref. C. 1863. 844-846, W.Ref. 856.

Die Reaktion von Jod auf Stärkekörnern und Zellmembranen. 3.Mitt. Nägeli, C.v. Bot.Mitt., 1. München: Straub 323 (1863).

Über die Reaction von Jod auf Stärkekörner und Zellmembranen. Nägeli, C.v. S.-B.königl.bayer.Akad.Wiss. 1. 161-199 (1863) - W.Ref. 527.

Die Reaction von Jod auf Stärkekörner und Zellmembranen. Nägeli, C.v. S.-B.königl.bayer.Akad.Wiss. 2. 280-313 (1862) - W.Ref. 526.

Beiträge zur näheren Kenntnis des Sauerstoffs und der einfachen Salzbildner. Schönbein, C.F. J.prakt.Chem. 84. 402-406 (1861) - W.Ref. 854.

Entfärbung von Jodstärke. Personne, J. J.Pharmac.Chim. 39. Sér. 3; 49-51 (1861) - W.Ref. 852.

Über ein neutrales und nichtgefärbtes Jodid der Stärke. Duroy, J. C.R.hebd.Séances Acad.Sci. 51. 1031 (1860) - W.Ref. 850.

Erklärung der Erscheinungen, welche das blaue Jodid der Stärke bei Erhitzung und nachfolgender Abkühlung zeigt. Baudrimont, E. C.R.hebd.Séances Acad.Sci. 51. 825-827 (1860) - W.Ref. 849.

Bemerkung über die Untersuchung von Jod durch Stärke. Henry, O. und Humbert, E. C.R.hebd.Séances Acad.Sci. 47. 298 (1858) - W.Ref. 848.

Bemerkung über die Eigenschaften der Stärke und ihre Blaufärbung durch Jod. Blondlot. J.Pharmac.Chim. 28. Sér. 3; 45-46 (1855) - W.Ref. 845.

Bemerkung über die Einwirkung von Jodstärke auf verschiedene Salze. Pisani, F. C.R.hebd.Séances Acad.Sci. 43. 1118-1119 (1856) - Ref. C. 1857. 107; W.Ref. 846.

Einfluß der Temperatur und einiger anderer Umstände auf die Empfindlichkeit der Jod-Amylum-Reaction. Fresenius, R. Ann.Chem. Pharmaz. 102. 184-189 (1857) - W.Ref. 847.

Über die Färbung der Stärke durch Jod. Béchamp, A. J.Pharmac. Chim. 28. Sér. 3; 303-306 (1855) - W.Ref. 844.

Über Amylumjodid. (Auszug). Quesneville Arch.Pharmacie 122. 71-72 (1852).

Über die Jodstärke und ihre Entfärbung durch Wärme und Pflanzenkohle und die Wirkung von Jod auf Kohle und Holzsägespäne. Magnes-Lahens J.Pharmac.Chim. 21. Sér. 3; 13-24 (1852) - W. Ref. 840.

Grenzen der Empfindlichkeit einiger Reagentien. Harting, P. J. prakt.Chem. 22. 45-47 (1841) - W.Ref. 837.

Über Jodamidine. Lassaigne, J.L. J.Chim.méd. 4. Sér. 2; 209-212 (1838) - W.Ref. 834.

Über die Reaction des Jods auf Stärkehydrate mittelst Kattun. Jonas, L. Ann.Pharmazie 20. 40-41 (1836) - W.Ref. 833.

Einwirkung von Jod auf Stärke. (Auszug). Leroy. Philos.Mag. 4. 313 (1834) - W.Ref. 832.

Bemerkung über den Einfluß, den die Temperatur auf die Lösung von Jodamidine ausübt. Lassaigne, J.L. Ann.Chim.Phys. 53. 109-110 (1833) - W.Ref. 831.

Auszug aus einer Arbeit über die Stärke. Guibort. Ann.Chim.Phys. 40. 183-193 (1829) - W.Ref. 507.

Über die Verbindung des Jod mit Stärkemehl. Colin und Gaultier de Claubry Schweigger's J.Chem.Phys. 13. 453-457 (1815).

Über die Verbindungen des Jod mit den Pflanzen- und den thierischen Körpern. Colin, und Gaultier de Claubry Gilbert's Ann.Phys. 48. 297-304 (1814) - W.Ref. 829.

6414. Absorptionsspektrum der Jodstärke

Neuere Beiträge zur Chemie der Stärkefraktionen. 8.Mitt. Vergleich der Jodsorptions-Meßmethoden. Hollô, J., Lászlô, E., Szejtli, J. und Mándi, A. Stärke 12. 351-58 (1960) - Ref. C.A. 55. 8904g (1961), Ref.J.Chem.(russ.) 1961. 22 N256, C. 1963. 7971.

Beobachtungen am Absorptionsspektrum von Polysaccharid-Jodkomplexen. Archibald, A.R., Manners, D.J. und Wright, A. Biochem.J. 75. 10P-11P (1960).

Die Stärke-Jod-Jodid-Wechselwirkung. 1.Mitt. Spektrophotometrische Untersuchungen. Thoma, J.A. und French, D. J.Amer.chem. Soc. 82. 4144-47 (1960) - Ref. C.A. 55. 7302h (1961).

Die Spektren von Jodlösungen. 3.Mitt. Der $^3\Pi_1$-$^1\Sigma^+$ - Übergang des Jodmoleküls in der Lösung. Ham, Joe J.Amer.chem.Soc. 76. 3886-87 (1954) - Ref. C. 1954. 10879.

Die Spektren von Jodlösungen. 2.Mitt. Der Einfluß hoher Drucke auf Jodkomplexe. Ham, Joe J.Amer.chem.Soc. 76. 3881-85 (1954) - Ref. C. 1954. 10879.

Die Spektren von Jodlösungen. 1.Mitt. Die Wirkung von tiefen Temperaturen auf Jodkomplexe. Ham, Joe J.Amer.chem.Soc. 76. 3875-80 (1954) - Ref. C. 1954. 10878.

Infrarotspektren von Jod-Lösungen. Glusker, D.L., Thompson, H.W. und Mulliken, R.S. J.chem.Physics 21. 1407-08 (1953) - Ref. C. 1954. 11395.

Die Fraktionierung von Kartoffelstärke. 4.Mitt. Absorptionsspektrum und Farbintensität von Stärke-Jod-Komplexen. Lampitt, L.H., Fuller, C.H.F. und Goldenberg, N. J.Soc.chem.Ind. 67. 97 101 (1948) - Ref. C.A. 42. 7074.

Die Abhängigkeit des Absorptionsspektrums von Jodstärke von der Struktur der Stärke und der Stärkekomponenten. Baldwin, R.R., Bear, R.S. und Rundle, R.E. J.Amer.chem.Soc. 66. 111-15 (1944) - Ref. C. 1946. I. 1203.

Spektrophotometrische Untersuchungen an der Jodverbindung der Stärke. Boutaric, Augustin und Anglade-Thevenet, Suzanne Bull.Soc.chim.France,Mem. 5; 9. 438-49 (1942) - Ref. C. 1943. I. 939.

Die Fraktionierung der Weizenstärke. V. Die Absorptionsspektren des Stärke-Jodkomplexes. Lampitt, L.H., Fuller, C.H.F. und Goldenberg, N. J.Soc.chem.Ind. 60. 99-111. (1941) - Ref. C. 1942. II. 2856.

Das Ultra-violette Absorptionsspektrum als bezeichnendes Unterscheidungsmerkmal zwischen den Adsorptionsverfahren und den chemischen Verfahren. Roncato, A. Arch.italiennes Biol. 74. 146-149 (1924) - W.Ref. 959.

6415. Jod-Farbgebung mit anderen Stoffen

Die Jodreaktion von Lösungen, Fasern und Filmen aus Polyvinylalkohol. Wolf, L.A. und Meoss, A.I. Chemiefasern (russ.) 1960. Nr.3. 21-22. - Ref. C. 1963. 20650.

Über die Herstellung und Eigenschaften einiger durch neutrale Moleküle stabilisierter Kolloidkomplexe. Bastisse, Etienne-Marcel C.R.hebd.Séances Acad.Sci. 230. 570-72 (1950) - Ref. C. 1950. II. 863.

Optische Eigenschaften und Struktur von Polyjodiden. Godina, D.A. und Faerman, G.P. J.allg.Chem.(russ.) 20. (82) 966-78 (1950) - Ref. C. 1950. II. 2654.

Über die Reaktion von Glykogenen und Apoglykogenen mit Jod. Stepanenko, B.N. und Afanassjewa, Je.M. Biochemie (russ.) 14. 317-26 (1949).

Über die Reaktion von Glykogenen verschiedenen Ursprungs mit Jod. Stepanenko, B.N. und Afanassjewa, Je.M. Biochemie (russ.) 12. 111-22 (1947).

Über die gefärbten Jodverbindungen eines Acridinderivates. Krüger, Deodata Ber.dtsch.chem.Ges. 65. 13-18 (1932) - Ref. C. 1932. I. 3179.

Bindung von Jod an Molekülaggregate. Hofmann, K.A. S.-B. preuss. Akad.Wiss. 1931. 536-40. - Ref. C. 1932. I. 1065.

Die gefärbten Jodverbindungen basischer Salze seltener Erden. Ein Beitrag zum Jod-Stärke-Problem. II.Mitt. Krüger, Deodata und Tschirch, Erich Ber.dtsch.chem.Ges. 63. 826-36 (1930). - Ref. C. 1930. II. 23532.

Über isomere Alkylverbindungen des Cyclohexanol- (2)-on-(1). Bergmann, M. und Gierth, M. Liebigs Ann.Chem. 448. 48-76 (1926) - Ref. C. 1926. II. 569.

Jodverbindungen einfacher 1,2-Cycloacetale vom Typus der Jodstärke. Bergmann, Max Ber.dtsch.chem.Ges. 57. 753-755 (1924) - Ref. C. 1924. II. 24, W.Ref. 955.

Untersuchungen über die Aufnahme von Jod durch verschiedene Substanzen. Lottermoser, A. Kolloid-Z. 33. 271-274 (1923) - Ref. C. 1924. I. 406, W.Ref. 952.

Blaue Adsorptionsverbindungen des Jods. Teil I. Stärke, Saponarin und Cholalsäure. Barger, George und Field, Ellen J.chem. Soc. (London) 101. 1394-1408 (1912) - Ref. C. 1912. II. 1520. W.Ref. 926.

Über die blaue Adsorptionsverbindung von basischem Lanthanacetat und Jod. Biltz, W. Ber.dtsch.chem.Ges. 37. 719-724 (1904) - W.Ref. 914.

Die Jodstärke-Reaction maskirende Eigenschaft gewisser anorganischer Substanzen. Goppelsroeder, F. Poggendorff's Ann. Chem.Phys. 119. 57-64 (1863) - W.Ref. 855.

642. Chlor-Stärke und Halogen-Calcium-Stärke

Wirkung von Chlor auf halbtrockene Stärke. Ingle, T.R. und Whistler, R.L. Cereal Chem. 41. 474-83 (1964) - Ref. C.A. 62. 7986f (1965), C. 1966. 29-3257.

Verfahren zur Stärkemodifizierung mit Chlor. The Pillsbury Co. (Erfinder: Henry, W.F. und Greenberg, S.I.) A.P. 3 123 502 vom 30/12. 1960., ausg. 3/3. 1964. - Ref.J.Chem.(russ.) 1965. 15 R287.

Chlorieren von Stärke in wasserfreien flüssigem Chlor bei 70°. Mono-, Di- und Trichloride der Stärke. Barham, H.N. und Thomson, T.R. J.Amer.chem.Soc. 70. 3321-26 (1948) - Ref. Stärke 3. 266 (1951), C. 1948. E. 2390.

Chlorieren von Cellulose und von Estern und Äthern von Kohlenhydraten (Cellulose, Stärke, Zucker). Sharples Chemicals Inc., übert.von: H.N. Barham. A.PP. 2 562 882 vom 26/8.1948 und 2 562 883 und 2 562 884 vom 2/9.1948, alle ausg. 7/8.1951. - Ref.C. 1952. 5507.

Die Chlorierung der Stärke mit Phosphorpentachlorid. Barham, H.N., Stickley, E.S. und Caldwell, M.J. J.Amer.chem.Soc. 68. 1018-24 (1946). - Ref.C. 1946. II. 2237.

Chlorieren von Stärke. Sharples Chemicals Inc., übert.von: Barham, H.N. A.P. 2 448 510 vom 20/2.1945., ausg. 7/9.1948. - Ref.C. 1949. I. 939.

Zur Kenntnis der Chlorstärke. Haller, R. Helv.chim.Acta 29. 1688-89 (1946). - Ref.C. 1946. I. 355.

Herstellung von chlorierter Stärke mittels Hypochloritlösung. Corn Products Refining Co. (Erfinder: Nicolson, J.). D.R.P. 715 110 Kl. 89k vom 13/2.1940., ausg. 16/12.1941. - Ref.C. 1942. I.1567.

Herstellung von chlorierter Stärke. Corn Products Refining Co., übert.von: Nicolson, J.). A.P. 2 221 552 vom 26/1.1939., ausg. 12/11.1940. - Ref.C. 1941. I. 2189.

Die Einwirkung von Chlorwasser auf einige ß-Amylosen. Fletcher, H.H. und Taylor, T.C. J.Amer.chem.Soc. 60. 3018-25 (1938). - Ref.C. 1939. II. 1870.

Verbesserung der Eigenschaften kaltquellender Halogencalciumstärkepräparate. Henkel & Cie. GmbH. (Erfinder: Hedrich, G.) D.R.P. 479 143 Kl. 89k vom 18/8.1926., ausg. 9/7.1929; id.mit E.P. 276 340. - Ref.C. 1929. II. 1482.

Stärke aus Halogen-Ca-Stärke. Henkel & Co. GmbH. E.P. 276 340 vom 16/8.1927., ausg. 12/10.1927. Prior. 17/8.1926. - Ref.C. 1928. I. 427.

Herstellung von ohne Klumpenbildung löslichen, trockenen Halogencalcium-Stärkepräparaten. Henkel & Cie. GmbH. E.P. 244 708 vom 20/8.1925., ausg. 10/2.1926. D.Prior. 16/12.1924; id.mit Oe.P. 105 053. - Ref.C. 1927. I. 1220.

Herstellung von ohne Klumpenbildung löslichen, trockenen Halogencalcium-Stärkepräparaten. Henkel & Cie. GmbH. Oe.P. 105 053 vom 31/7.1925., ausg. 27/12.1926. D.Prior. 16/12. 1924; id.mit E.P. 244 708. - Ref.C. 1927. I. 1220.

Verfahren zur Herstellung trockener Halogencalciumstärkepräparate. Ritsert, E. D.R.P. 308 616 Kl. 12o vom 16/9.1915., ausg.12/10. 1918. - Ref.C. 1918. II. 880.

Auflösen der Stärke durch gasförmiges Chlor, welches bis zur Sättigung durch alkalisches H_2O geführt wird, das die zu behandelnde Stärke enthält. Bernardi, A. It.P. 126 803 vom 5/2. 1913. - Ref.C.A. 9. 2160 (1915).

Chlor und Verzuckerung von Stärke. Gerber, C. C.R.Séances Soc. Biol.Filiales 73. 356-360 (1912). - Ref.C.A. 8. 351 (1914), W.Ref. 2908.

Über einige Produkte, welche durch die Zersetzung mehrerer Salze vermittelst Chlor erhalten werden. Liebig, J. Poggendorff's Ann.Chem.Phys. 15. 541-572 (1829) - W.Ref. 1008.

643. Sonstige Halogen-Stärke-Verbindungen

Über Hemiacetale des Chlorals mit Amylose. Meyer, K.H. und Chen-Piao Feng Chem.Ber. 85. 590 (1952) - Ref. Stärke 4. 227 (1952), C. 1956. 10958.

Herstellung von β-Amylosetrijodid $(C_{36}H_{60}O_{30}J_3)_2$. Minto, Wallace L. A.P. 2 540 486 vom 13/6. 1947., ausg. 6/2. 1951. - Ref. C. 1952. 1584.

Herstellung von β-Amylosetrijodid. Cläirmint Chemical Co. (Erfinder: Wallace L. Minto) F.P. 1 014 570 vom 10/9. 1947., ausg. 19/8. 1952. A.Prior. 28/5. 1943 u. 13/6. 1947. - Ref. C. 1954. 7532.

Beitrag zur Kenntnis der Bromstärke. Haller, Robert Helv.chim. Acta 29. 1156-59 (1946) - Ref. C. 1946. I. 355.

Verätherung von Stärke mit Halogenfettsäuren. Chemische Fabrik Pfersee GmbH. (Erfinder: Schrodt, A.) D.R.P. 717 275 Kl. 12 o vom 20/8. 1938., ausg. 11/2. 1942. - Ref. C. 1942. I. 2466.

Über Chloressigsäureester der Cellulose. Rudy, Hermann Cellulosechemie 13. 49-58 (1932) - Ref. C. 1932. II. 199.

Die Einwirkung von Fluorwasserstoff auf Stärke. Helferich, B., Stärker, A. und Peters, O. Liebigs Ann.Chem. 482. 183-88 (1930) - Ref. C. 1930. II. 3265.

Die Einwirkung von Chloral auf Cellulose. Ross, J.H. und Payne, J.M. J.Assoc.chem.Soc. 45. 2363-2366 (1923) - Ref. C. 1924. I. 1510. W.Ref. 805.

Halogenisierung. Teil XII. Die Bildung von Chlorpikrin und Tetrachlorchinon durch Einwirkung von Königswasser auf organische Substanzen. Datta, R.L. und Chatterjee, N.R. J.Amer. Chem.Soc. 38. 1813-21 (1916) - Ref. C. 1916. II. 1134. W.Ref. 776-77.

Neue Untersuchungen über Fluor. Moissan, H. Ann.Chim.Phys. 24. Sér. 6; 224-282 (1891) - W.Ref. 1015.

Über Cellulose und Stärke in Gegenwart von Brom. Franchimont, A.P.N. Recueil Trav.chim.Pays-Bas 2. 91-92 (1883) - Ref. C. 1883. 514, W.Ref. 688.

65. Hydrolyse

650. Allgemeines

(Vgl. auch "Technische Hydrolyse": 37, "Patente": 371, 372)

Über die Farbstoffbildung bei der Stärkehydrolyse im Röhrenkonventer. Tegge, G. Stärke 18. 285-93 (1966)

Die Anwendung der Konduktivitätsmessung zur Untersuchung der Kinetik der Stärkehydrolyse. Cornell, H.J. und Clack, I.D. Stärke 17. 7-13 (1965) - Ref. J.Chem.(russ.) 1965. 15 R282.

Die Anwendung der Konduktivitätsmessung zur Untersuchung der Kinetik der Stärkehydrolyse. Cornell, H.J. und Clack, I.D. Stärke 16. 393-96 (1964) - Ref. C.A. 62. 4201f (1965)

Studien über die saure Hydrolyse von Glykosidbindungen. 9.Mitt. Hydrolyse der am reduzierenden und nicht reduzierenden Ende markierten Amylose. Hollò, J., Lászlò, E., Szejtli, J. und Zala, G. Stärke 16. 211-14 (1964) - Ref. C. 1965. 13-2938

Studien über die saure Hydrolyse von Glykosidbindungen. 8.Mitt. Die Abhängigkeit der Hydrolyse der Stärke von der Temperatur und die sich daraus ergebenden Schlußfolgerungen. Hollò, J. und Szejtli, J. Stärke 15. 320-25 (1963)

Diffusionskonstanten einer Maltosaccharid-Reihe. Bourne, M.C., Chichester, C.O. und Sterling, C. J.Polymer Sci., Part A 1. 817-21 (1963) - Ref. C. 1963. 18105. C.A. 58. 11561e (1963)

Reaktionen am C-Atom 1 von Kohlenhydraten. 3.Mitt. Die säurekatalysierte Hydrolyse von Glykosiden. Overend, W.G., Rees, C.W. und Sequeira, J.S. J.chem.Soc. 1962. 3429-40. - Ref. C.A. 57. 12599e (1962)

Die Kinetik der Säurehydrolyse von Stärke. Krjatschkow, N.N. Kolloide in der Lebensmittel-Ind.(russ.), Sammlung 2, Moskau 1949. 238-43.

Untersuchungen über die Verflüssigung und Verzuckerung von Stärke. 1.Mitt. Viscographische Analyse von einigen Stärkepräparaten, die schwer zu verflüssigen waren. Arai, K., Hanno, Y. und Suzuki, S. J.technol.Soc.Starch (Japan) 8. 87-96 (1961) - Ref. C.A. 55. 19288b (1961) -Ref. J.Chem.(russ.) 1962. 7 N317.

Beiträge zur sauren Hydrolyse der Stärke. Güell, A. Stärke 14. 3-7 (1962) - Ref. C.A. 56. 13147d (1962) Ref.J.Chem.(russ.) 1962. 16 N298, C. 1963. 1488

Untersuchungen über Struktur und Eigenschaften der Cellulose und ihrer Ester. 74.Mitt. Untersuchungen des Hydrolysenprozesses von Polysacchariden. 13.Mitt. Über die Rolle der Diffusion bei der Hydrolyse von Polysacchariden in einem heterogenen Medium. Konkin, A.A. und Schukalowa, Je.A. J.angew.Chem.(russ.) 32. 1076-80 (1959) - Ref. C. 1963. 2483.

Nebenreaktionen bei der Säurehydrolyse von Stärke. Sakai, S. und Shimizu, T. Hyôgo Nôka Daigaku Kenkyû Hôkoku, Nogei-kagaku hen 4. 61-68 (1959) - Ref. C.A. 55. 6000g (1961)

Verringerung der Hydrolysenzeit von Stärke von Stunden auf Minuten. Meinhold, T.F. Chem.Processing 22. Nr.1. 36-37.39 (1959) - Ref. J.Chem.(russ.) 1960. Nr. 78433

Schnellmethode zur Prüfung von Stärken auf ihre Eignung für Säurehydrolysen. (Sirup- und Stärkezuckerherstellung) Winkler, Siegfried Stärke 7. 226-33 (1956) - Ref. C.A. 51. 1633h (1957) C. 1957. 12324.

Partielle elektrolytische Neutralisation von Stärkehydrolysaten. Mizuguchi, J. und Motoi, S. J.Soc.chem.Ind.(Japan) 59. 1030-32 (1956) - Ref. C.A. 52. 10619f (1958)

Abbau von Amylopektin zu Nigerose. Wolfrom, M.L. und Thompson, A. J.Amer.chem.Soc. 77. 6403 (1955) - Ref. Stärke 8. 44 (1956) C. 1956. 7253.

Die Hydrolyse von Polysacchariden und anderen kondensierten Polymeren. Steward, C.M. und Williams, E.J. Chem.and Ind. 1955. 1350-51. - Ref. C. 1958. 1864.

Der schrittweise Abbau von Kohlenhydraten. Finan, P.A. und O'Colle, P.S. Chem.and Ind. 1955. 1387-88. - Ref. Stärke 7. 315 (1955) C. 1959. 2810

Physikalisch-chemische Grundlagen des Verzuckerungsprozesses. Schulman, M.Ss. und Fertman, G.I. Spirituosen-Ind.(russ.) 20. Nr.2. 13-15 (1954) - Ref. C. 1956. 14517.

Extraktion von säurebindenden, hydrolysehemmenden Substanzen aus Getreidekörnern. 3.Mitt. Litwak, I.M. und Roiter, I.M. Arb. Kiew.Inst.f.Ernährungsind. (russ.) 13. 91-99 (1953) - Ref. C.A. 52. 5864i (1958), Ref. J.Chem.(russ.) 1955. Nr.57 126.

Die "Splinter-Reaktion", ihre Bedeutung und Darstellung. Poggi, A.R. und Milletti, M. Chimica (Milano) 8. 149-56 (1953) - Ref. C.A. 48. 2366e (1954)

Umgewandelte Stärke. III. Abbau von Stärken durch saure und alkalische Oxydationsmittel, Säuren, usw. Jambuserwala, G.B. und Kanitkar, K.R. J.Textile Inst. 31. Trans 1-16. (1940) - Ref. C. 1940. I. 2259

Katalytisches Phänomen bei der Hydrolyse von Stärke. Blinow, W.A. Baumwoll-Ind.(russ.) 7. Nr. 7/8. 52 (1937) - Ref. C. 1938. I. 754.

Hydrolyse von Gerstenstärke abhängig von der Natur der Gerste. Corvaisier, Le H. Bull.Assoc.anciens Etudiants Ecole supér. Brasserie Univ.Louvain 35. 116-19. (1935) - Ref. C. 1935. II. 2466, C.A. 31. 3320 (1937)

Über die Hydrolyse der Maisstärke und ihrer Amylosen im Hinblick auf die Bildung von Gentibiose. Taylor, T.C. und Lifschitz, D. J.Amer.chem.Soc. 54. 1054-63. (1932) - Ref. C. 1932. II. 47.

Physiko-chemischer Abbau von Stärke. Allgemeine Übersicht. Heininger, R. Kolloid-Beih. 35. 1-48. (1932) - Ref. C. 1933. I. 410.

Physiko-chemischer Abbau von Stärke.(Weizen-Stärke). Heininger,R. Dissertation, Dresden 1930.

Untersuchungen über die Wirkungen von Stärkeaufschliessungsmitteln. Haller, R. Melliand Textilber. 8. 166. (1927) - Ref. C. 1927. I. 1752.

Untersuchungen über die Wirkung von Stärkeaufschliessungsmitteln. Haller, R. und Hohmann, A. Melliand Textilber. 7. 239-42. (1926) - Ref. C. 1926. I. 2844.

Untersuchung von Stärkeaufschliessungsmitteln. Hesse, A. Melliand Textilber. 7. 689-693. (1926) - Ref. C. 1926. II. 1463.

Hydrolytischer Abbau durch mechanische Ionisierung des Wassers. Abelous, J.E. und Aloy, J. C.R.hebd.Séances Acad.Sci. 170. 1012-1014 (1920) - W.Ref. 792, C. 1920. III. 774, C.A. 14. 2497 (1920)

Wertbestimmung der verschiedenen Säuren für die Verflüssigung der Stärke. Bettinger, P. Bull.Assoc.Chimistes Sucr.Distill Ind. agric.France Colonies 37. 126-131(1919)- Ref. C.1920. II. 697. W.Ref. 1163.

Über die Stärke und ihre hydrolytischen Abbauprodukte. Friedrichs Oscar v. Ark.Kem.Mineralog.Geol 5. Nr.2. 40 SS.(1913) - Ref. C. 1914. I. 760. W.Ref. 119

Einige Beobachtungen über Dextrin. Oechsner de Coninck, W. und Raynaud, A. Bull.Cl.Sci.,Acad.roy.Belgique 1910. 846-847. - W.Ref. 97.

Eine Schnellmethode der Stärkehydrolysierung. Olson, G.A. J.ind. Engng.Chem. 1. 445-447 (1909) - Ref. C. 1910. I. 60, W.Ref. 1634.

Stärkeabbau durch Osmose und Hydrolyse unter erhöhter Temperatur. Gschwendner, B. Chemiker-Ztg. 30. 761-763 (1906) - Ref. C. 1906. II. 914, W.Ref. 1623.

Über den Mechanismus des Einflusses der Säuren, der Basen und der Salze in der Verflüssigung der Stärke. Fernbach, A. und Wolff, J. C.R.hebd.Séances Acad.Sci. 143. 380-83 (1906) - Ref. C. 1906. III. 1046 W.Ref. 726

Die Anfangswirkung von Jod und anderen Oxydationsmitteln bei der Hydrolyse von Stärke und Zucker. Hale, F.E. Z.anorg.Chem. 31. 100-26 (1902)

Die initiative Einwirkung von Jod und anderen Oxydationsmitteln bei der Hydrolyse von Stärke und Dextrinen. Hale, F.E. Amer. J.Sci. 13. Ser.4; 379-399 (1902) - W.Ref. 912, C. 1902. II. 26

Über die Reisstärke. Über das Verhältnis zwischen der Stärke und der bei der Verzuckerung entstehenden Dextrosemenge. Einige Untersuchungen über die Zusammensetzung der Amylocellulose und über einen in ihr entdeckten schleimigen Stoff. Sostegni, L. Gazz.chim.ital. 15. 376-384(1885) - W.Ref. 540, C. 1887. 896.

Colani und Krüger's Verzuckerungsapparat. Dingler's polytechn.J. 224. 302-303 (1877) - W.Ref. 43.

Die Säurehydrolyse der Stärke. Hollб, J. und Szejtli, J. Abh. dtsch.Akad.Wiss.Berlin,Kl.Chem.,Geol.Biol. 1965. Nr.1. 3-118.

651. Hydrolyse durch anorganische Säuren

(HCl, HF, H_2SO_4, H_2CO_3, H_3PO_4, Ionenaustauscher. Vergl.auch "Technische Hydrolyse" : 37, "Patente": 371, 372)

Die Säurehydrolyse von Stärke. Szejtli, J. Acta chim.hung.Tomus 46. 77-84 (1965)

Hydrolyse von leichthydrolysierbaren Polysacchariden. Lichonos, E.F., Uljanowskaja, R.I. und Lichowid, R.D. Hydrolysen- u. holzchem.Ind.(russ.) 17. Nr.7. 4-7 (1964) - Ref. C.A. 62. 2906h (1965)

Physikochemische Untersuchungen der Säurehydrolyse von Maisstärke. Hunt, W.G., Henzler, F.T. und Sowell, E.A. Cereal Chem. 41. 375-85 (1964) - Ref. J.Chem.(russ.) 1965. 22 R342

Die Beladung feinverteilter Stoffe mit einem Gas, insbesondere Stärke mit Chlor-Wasserstoff. Corn Products Co. E.P. 916 482 ausg. 23/1. 1963., A.Prior. 30/9. 1959. - Ref. C.A.(M.) 58. 10387a (1963)

Verzuckerung von Stärken aus verschiedenen Maissorten und ihr physikochemisches Verhalten. 1.Mitt. Waxy-Maize und High-Amylose-Maize. Samec, M. Stärke 14. 307-09 (1962) - Ref. C. 1963. 7970.- Ref. J.Chem.(russ.) 1963. 8 R262

Untersuchungen über Verflüssigung und Verzuckerung von Stärke. 3. Mitt. Verflüssigung und Verzuckerung von Bataten-Stärke durch die Behandlung mit Natrium-Hypochlorit verschiedener Konzentration. Arai, K., Hanno, Y. und Suzuki, S. J.technol.Soc. Starch (Japan) 9. 129-34 (1962)

Untersuchungen der Verflüssigung und Verzuckerung von Stärke. 2. Mitt. Verflüssigung und Verzuckerung von Bataten-Stärke durch Behandlung mit Bleichpulver verschiedener Konzentrationen. Arai, K., Hanno, Y. und Suzuki, S. J.technol.Soc.Starch (Japan) 9. 92-97 (1962) - Ref. J.Chem.(russ.) 1963. 3 R265

Stärkehydrolysen durch Ionenaustauscher. Ivančenko, D., Zajac, P. und Kouril, P. Sborník prác chem.Fak. 1962. 135-43. - Ref. C.A.(M.) 59. 10333e (1963)

Berechnung der Wasseraufnahme bei der Säurehydrolyse von Stärke. Scallet, B.L. Stärke 14. 7-10 (1962) - Ref. C.A. 56. 13146g (1962) Ref. J.Chem.(russ.) 1962. 15 N286. C. 1963. 1489.

Über das Verhalten von Sacchariden gegenüber Ionenaustauschharzen 3.Mitt. Zur Hydrolysegeschwindigkeit und Aktivierungsenergie bei der homogenen bzw. kombinierten Katalyse von Saccharose. Täufel, K. und Grunert, K.S. Arch.Pharmazie 294. 439-47 (1961) - Ref. C.A. 62. 1835a (1965)

Die Verflüssigung von Stärke durch Säure. Kuroiwa, S. u. Nakamura, M. J.technol.Soc.Starch(Japan) 9. 17-22 (1961) - Ref. C.A. 57 8785e (1962) Stärke 14. 439 (1962) Ref. J.Chem.(russ.) 1963. 3 R267.

Studien über die saure Hydrolyse der Glykosidbindung. 4.Mitt. Die Auswirkung der Beschaffenheit und der Konzentration von verschiedenen Säuren auf die Stärkehydrolyse. Holló, J. und Szejtli, J. Stärke 13. 327-31 (1961) - Ref. C.A. 56. 10432i (1962) C. 1962. 12127.

Studien über die saure Hydrolyse der Glykosidbindungen. 3.Mitt. Untersuchung der die saure Stärkehydrolyse beeinflussenden Faktoren. Holló, J. und Szejtli, J. Brauwissenschaft 14. 219-22 327-35 (1961) - Ref. C. 1962. 12126. Stärke 17. 29 (1965).

Untersuchungen zur sauren Hydrolyse der Glucosebindungen. 3.Mitt. Untersuchung der auf die saure Hydrolyse der Stärke wirkenden Faktoren. Holló, J. und Szejtli, J. Commun.Inst.agric.chem. Technol.Polytechn.Univ.(Budapest) (Mitt.Landwirtsch.-Chem. Technol.Lehrstuhls Budapester Techn.Univ.) 1960. 7-17.

Reinigung von Stärke mit oberflächenaktiven Stoffen. 5.Mitt. Einfluß von oberflächenaktiven Stoffen auf die Verzuckerung von damit behandelter Stärke. Fujii, T. und Tomiyama, S. J.technol.Soc.Starch(Japan) 7. 135-38 (1960) - Ref. Stärke 14. 439 (1962) - Ref. J.Chem.(russ.) 1962. 1 N366. C.A. 58. 3590g (1963).

Über einige Probleme bei der sauren Stärkehydrolyse. 2.Mitt. Holló, J. und Szejtli, J. Stärke 11. 244-46 (1959) - Ref. C. 1960. 7027. C.A. 54. 5138d (1960) - Ref. J.Chem.(russ.) 1960. Nr. 59049.

Konzentration von Stärke in Beziehung zur Zuckerzusammensetzung bei der Säurehydrolyse von Stärke. Watanabe, K. J.Starch Sweetener technol.Soc.(Japan) 1959. Nr. 19. 6-10. - Ref. C.A. 53. 20864h. (1959).

Über einige Probleme bei der sauren Stärkehydrolyse. 1.Mitt. Holló, J. und Szejtli, J. Stärke 11. 239-244 (1959) - Ref. C.A. 54. 5138c (1960) C. 1960. 7027 - Ref. J.Chem.(russ.) 1960. Nr. 59049.

Über die Rolle der intermolekularen Wechselwirkung bei der Hydrolyse von Polysacchariden in heterogenem Medium. Konkin, A.A. und Rogowin, S.A. Hochmolekulare Verbind.(russ.) 1. 182-84 (1959) - Ref. Stärke 12. 252 (1960).

Säurehydrolyse von Stärke und Säurereversion von Glucose. Anno, K. J.technol.Soc.Starch (Japan) 6. 40-45 (1959) - Ref. C.A. 56. 13227a (1962).

Hydrolyse von Maisstärke bei Gegenwart von Säure und Kationenaustauscherharz Espatit-1. Golowin, P.W. und Griwzewa, Je.A. Arb.Kiewer technol.Inst.Nahrungsmittel-Ind. 1958. Nr. 19 9-13 - Ref. C.A. 54. 21805i (1960) - Ref. J.Chem.(russ.) 1961. 13 N451.

Hydrolyse einiger Kohlenhydrate durch Kohlensäure unter Druck. Agejew, L.M. Technol.Inst.Lebensmittel-Ind.(russ.) 1958. Nr.14 193-97. - Ref. C.A. 54. 18995e (1960).

Untersuchung der Kohlenhydratumwandlung im Laufe der Säurehydrolyse von Stärke. Smirnow, W.A. Stärke 10. 1-6 (1958) - Ref. C. 1959. 2984. C.A. 53. 20866e (1959) C.A. 57. 8785f (1962).

Über anorganische heterogene Katalysatoren vom Ferrittypus, die die Stärkehydrolyse beschleunigen. Krause, A. und Ciecierska, D. Roczniki Chem. (Ann.Soc.chim.Polonorum) 32. 1389-92 (1958) - Ref. C. 1960. 10611

Alkalischer Abbau von 4-O-substituierten Glucosederivaten. Blears M.J., Machell, G. und Richards, G.N. Chem.and Ind. 1957. 1150-51. - Ref. C.A. 52. 4501i (1958)

Hydrolyse von Kohlenhydraten in Gegenwart von Chlorwasserstoffsäure oder sauren Ionenaustauscherharzen. Kaishi, S. Bull. chem.Soc.Japan 30. 844-47 (1957) - Ref. C.A. 52. 14536f (1958) C. 1959. 10597

Die quantitative Hydrolyse von Saccharose, Dextrin und Stärke mit Hilfe von Kohlensäure. Ssultanow, A.Ss. und Ussmanow, Ch.U. J.angew.Chem.(russ.) 29. 1726-30 (1956) - Ref. C. 1958. 743, C.A. 51. 4743h (1957)

Quantitative Hydrolyse von Saccharose, Dextrin und Stärke mit Kohlenstoffdioxyd. Ssultanow, A.S. und Usmanow, Ch.U. J.appl. Chem.(U.S.S.R.) (Engl.Transl.) 29. 1855-58 (1956) - Ref. C.A. 52. 6821c (1958)

Die Anwesenheit von Lävoglucosan in Hydrolysaten von Maisstärke. Ough, Lee D. und Rohwer, Robert G. J.agric.Food Chem. 4. 267-71 (1956) - Ref. C.A. 50. 7490i (1956) C. 1958. 2294.

Über den Einfluss des Zusatzes von Salzen auf den Grad der Säurehydrolyse von Stärke. Litwak, I.M. Arbeit aus dem Technol.-Inst.f.Ernährungsind.(russ.) von A.I.Mikojan 16. 35-41 (1956) - Ref. C.A. 51. 17212d (1957)

Chromatographische Untersuchungen zur Säurehydrolyse der Kartoffelstärke. 3.Mitt. Ulmann, M. Makromolekulare Chem. 20. 143-60 (1956) - Ref. Stärke 8. 275 (1956) C.A. 50. 16146g (1956) C. 1958. 7778.

Über Hydrolyse und Reversion von Sacchariden. Täufel, K. und Müller, K. Ernährungsforschung 1. 90-95 (1956) - Ref. Stärke 10. 118 (1958)

Reversion von Kohlenhydraten bei der sauren Hydrolyse von Stärke. Smirnow, W.A. Dissertation Moskau 1956.

Katalytische Einflüsse bei der Säurehydrolyse von Stärken. Winkler, S. Stärke 8. 217-22 (1956) - Ref. C.A. 51. 11745i (1957) C. 1958. 283.

Durch Ionenaustauscher beschleunigte Hydrolyse. Fodor, J. und Hajós, Z. Acta chim.Acad.Sci.hung. 7. 133-48 (1955) - Ref. C. 1957. 32

Zusammensetzung von Stärkehydrolysaten und Glucose-Reversions-Gemischen. Spriggs, A.S. Univ.Microfilms Publ.Nr. 11574, 104 S. - Ref. C.A. 49. 11307g (1955)

Zucker in Säurehydrolysaten von Polysacchariden. 1.Mitt. Zuckerzusammensetzung des Hydrols der Stärke von Süsskartoffeln. Aso, K. und Shibasaki, K. J.agric.chem.Soc. Japan 29. 856-61 (1955) - Ref. C.A. 50. 17498b (1956) C. 1960. 16806.

Teilweise Degradation von Stärke mit mineralischer Säure. Fossen Paul van Univ.Microfilms, Publ.No.11 047; 140 S. - Ref. C.A. 49. 10647h (1955)

Hydrolyse von Polysacchariden mittels eines Kationenaustauschers und Identifizierung der Monosaccharidkomponenten mittels Papierchromatographie. Glegg, R.E. und Eidinger, D. Analytic. Chem 26. 1365-67 (1954) - Ref. Stärke 6. 284 (1954) C. 1950/54. 521 S.

Säurerevision in Beziehung zur Isomaltose als Hydrolysenprodukt der Stärke. Thompson, A., Wolfrom, M.L. und Quinn, E.J. J. Amer.chem.Soc. 75. 3003-04 (1953) - Ref. C. 1954. 3245.

Über die Abhängigkeit der Säurehydrolyse des Inulins, der Saccharose und der Stärke vom pH-Wert und von der Temperatur. Thies, H., Souci, S.W. und Kallinich, G. Z.Lebensmittel-Unters.u. Forsch. 96. 83-90 (1953) - Ref. C. 1950/54. 8518 S.

Chromatographische Untersuchungen zur Säurehydrolyse der Kartoffelstärke, II.Mitt. Ulmann, M. Makromolekulare Chem. 10. 221-34 (1953) - Ref. C.A. 48. 11823c (1954) Stärke 6. 140 (1954) C. 1958. 7778.

Chromatographische Untersuchungen zur Säurehydrolyse der Kartoffelstärke. Ulmann, M. Makromolekulare Chem. 10. 147-157 (1953) - Ref. Stärke 6. 140 (1954) C.A. 48. 2400c (1954) C. 1954. 8687.

Über die Säurehydrolyse von Polysacchariden im Falle hoher und niedriger Säurekonzentration. Kushimoto, T., Kushimoto, H., Ishiura, M. und Shinozaki, I. Tokyo Jikeikai med.J. 67. 134-37 (1953)

Trockenhydrolyse von Stärke. Bhowmick, I.M. und Goswami, M.N. J.Indian chem.Soc.,ind. News Edit 15. 209-13 (1952) - Ref. C.A. 4[illegible]. 2400b (1954) C. 1950/54. S.3962.

Abbau von suspendierter Maisstärke durch Säure. Kerr, R.W. Stärke 4. 39-41 (1952) - Ref. C. 1953. 6503.

Über den nach der sauren Verzuckerung von Stärke verbleibenden unvergärbaren Rest. 2.Mitt. Chromatographische Untersuchung. Nakamura, M. und Yoshihiro, Y. J.chem.Soc.Japan,ind.Chem. Sect. 54. 668-70 (1951) - Ref. C. 1956. 4279.

Über den nach der sauren Verzuckerung von Stärke verbleibenden unvergärbaren Rest. 1.Mitt. Nakamura, M. J.chem.Soc.,Japan, ind.Chem.Sect. 54. 137-38 (1951) - Ref. C. 1956. 5425

Arsenolyse an Amylose und Amylopektin. Katz, Joseph und Hassid, W.Z. Arch.Biochemistry 30. 272-81 (1951) - Ref. C. 1952. 1023 Stärke 4. 247 (1952)

Über das unterschiedliche Verhalten von Cellulose und Stärke bei der Verzuckerung. Reiff, F. Stärke 3. 73-77 (1951) - Ref. C. 1951. II. 2402

Säureabbau von Amylopektin zu Isomaltose und Maltotriose. Wolfrom, M.L., Galkowski, J.T. und O'Neil, A.N. J.Amer.chem.Soc. 73. 4927-29 (1951) - Ref. Stärke 4. 60 (1952) C.A. 46. 10111a (1952)

Säureabbau von Amylopektin zu Isomaltose. Wolfrom, M.L., Tyree, J.T., Galkowski, T.T. und O'Neil, A.N. J.Amer.chem.Soc. 72. 1427-28. (1950) - Ref. C. 1950. II.2689

Stärke und Stärkefraktionen. 4.Mitt. Die Hydrolyse von Stärke zu Dextrose mittels Salzsäure. Lampitt, L.H., Fuller, C.H.F., Goldenberg, N. und Vine, M. J.sci.Food Agric. 1. 371-72 (1950) - Ref. C. 1950/54. 8240 S

Über die Säurehydrolyse und die Elementaranalyse von Stärke und Glykogen. Dumazert, Chr. Bull.Soc.Chim.biol. 32. 988-97 (1950) - Ref. C. 1950/54. 1727 S

Vergleichende Untersuchungen bei der Säurehydrolyse verschiedener Stärkearten. Rüggeberg, Hans Stärke 2. 84-86 (1950) - Ref. C. 1951. I. 1239

Die Hydrolyse von Stärke durch Salzsäure. Leman, Alfred und Didry, Pierre C.R.hebd.Séances Acad.Sci. 231. 443-45. (1950) - Ref. C. 1951. II. 386

Fraktionierung von Hydrolysenprodukten der Amylose durch elektrokinetische Ultrafiltration in Agar-Agar-Gallerte. Synge, R.L.M. und Tiselius, A. Biochem.J. 46. XLI-XLII. (1950) - Ref. C. 1951. II. 1441

Über die bei der Stärkehydrolyse auftretenden Reversionsprodukte. Graefe, Gerd Stärke 2. 27-31. (1950) - Ref.C. 1950. II. 353 C.A. 46. 10652f (1952)

Die Kinetik der Säurehydrolyse von Stärke. Kryachkow, N.N. Arb. Leningrader technol.Inst. Lebensmittelind.(russ.) 1. 57-68 (1949) - Ref. Stärke 6. 75 (1954) C.A. 48.2052b (1954)

Über Säurehydrolyse der Stärke. Myrbäck, K. und Magnusson, B. Ark.Kem.,Mineralog.Geol. 20. A. Nr. 14. 1-22 (1945)

Hydrolyse der Stärke durch schweflige Säure. Hayek, M. und Shriner R.L. Ind.Engng.Chem. 36. 1001-1003 (1944) - Ref. C. 1946. 3824

Studien über Pflanzenkolloide. 47. Säurehydrolyse jodcolorimetrisch differenzierter Stärkesubstanzen. Samec, M. und Dermelj M. Kolloid-Z. 101. 123-26. (1942) - Ref. C. 1943.I.1274

Ursache der Verschiedenheit in der Säurehydrolyse der Stärkesubstanzen. Samec, M. und Dermelj, M. Gazz.chim.ital. 72. 145-50 (1942) - Ref. C. 1946. II. 2236.

Beziehungen zwischen Trockensubstanz, Refraktion und Dichte von Stärkehydrolysaten. Kröner, K., Reischel, Wolfgang und Höppner Wilhelm Z.analyt.Chem. 122. 321-34. (1941) - Ref. C. 1942.I. 277

Die Wirkung von HCl auf Kartoffelstärke. Nasarow, W.I. J.Chim. appl.(russ.) 12. 1745-46 (1939) - Ref. C. 1940.I.3330

Untersuchungen über die Stärke. IV. Die Hydrolyse der Stärke durch 7,5- und 15%ige Salzsäure bei niedrigen Temperaturen. Tychowski A. und Masior, S. Biochem.Z. 292. 141-47. (1937) - Ref. C. 1939. I.4960

Stärkesubstanzen mit Chlorwasserstoff und Ammoniak. Parks, L.R. und Melaven, A.D. J.physik.Chem. 40. 471-75. (1936) - Ref. C. 1936. II.1934

651

Papierchromatographie von Gluciden. 3.Mitt. Chemische Hydrolyse von Stärke. Calvo, J.M. An.Bromatologia 7.117-26 (1955) - Ref. C.A. 50. 11412b (1956)

Abbau der Stärke unter der Wirkung von Phosphorsäure, von Glycerin und von Essigsäureanhydrid in Gegenwart von Schwefelsäure (Acetolyse). Sutra, R. C.R.hebd.Séances Acad.Sci. 198. 1863-65. (1934) - Ref. C. 1934. II.1445

Säurehydrolyse der Stärke. I.,II. Schulz, A.P. und Hönsch, W. Chemiker-Ztg. 58. 640-42. 671-72. (1934) - Ref. C. 1935. I.1786

Abbau der Cellulose nach einer neuen Methode. Schlubach, H.H., Elsner, Horst und Prochownick, Vilma Angew.Chem. 45. 245-49. (1932) - Ref. C. 1932. II. 697

Kohlensäure zur Stärkehydrolyse. Schulz, A.P. Z.Spiritusind. 55. 90 (1932)

Stärkehydrolyse durch Kohlensäure. Devey, Milton A. und Krase, Norman W. Ind.Engng.Chem. 23. 1436-37 (1931) - Ref. C. 1932. I. 809

Untersuchungen über Reaktionen, welche zur Chemie der Kohlenhydrate und Polysaccharide in Beziehung stehen. 30.Vergleichende Untersuchungen über die Hydrolyse einiger Disaccharide und Polysaccharide. Hibbert, H. und Percival, G.V. J.Amer.chem.Soc. 52. 3995-4005. (1930) - Ref. C. 1930. II.3748

Zur Kenntnis der Stärke. I. Über den Abbau mit konzentrierter Salzsäure. Weidenhagen, R. und Wolf, A. Z.Ver.dtsch.Zuckerind. 80. 264-74. (1930) - Ref. C. 1930. II.905

Einige durch ein Kationenaustauschharz katalysierte Zuckerreaktionen. Wadman, W.H. J.chem.Soc.(London) 1952. 3051-55. - Ref. C. 1953. 4696

Über die Hydrolyse der Stärke durch Schwefelsäure. Nottin ,P. Compt.rend.Acad.Sciences 184. 1204-06. (1927) - Ref. C. 1927. II.2179

Der Weichungsprozess. Eine Untersuchung über die ersten Stadien der Hydrolyse von Stärke durch verdünnte Säuren. Fargher, R.B. und Probert, M.E. J.Textile Inst.18. T.559-72. (1927) - Ref. C. 1928. I. 1915

Die Hydrolyse von Stärke durch Säuren. Nanji, D.R. und Beazeley, R.G.L. J.Soc.chem.Ind. 45. T 215-219 (1926) - Ref.C. 1926. II. 2022

Über Stärkespaltung durch verdünnte Säuren und Alkalien. Seiffert, R.W. und Uebe, W. Beitr.Physiol. 2. 161-66 (1924) - Ref. C. 1924. II 1208, W.Ref.138.

Zur Kenntnis der Hydrolyse der Stärke, der Cellulose und des Torfes durch Salzsäure. Budnikoff, P.P. und Sworykin, A.I. Z. angew.Chem. 35. 677 (1922) - Ref. C. 1923. II. 696 W.Ref. 132

Untersuchungen über das Aussalzen der Polysaccharide und über den Verlauf der Säurehydrolyse der Stärke. Perger, Hans Pflüger's Arch.ges.Physiol.Menschen Tiere 196. 92-112 (1922) - Ref. C. 1922. III. 1335 W.Ref. 133

Einwirkung von Chlorwasserstoffgas auf Kohlehydrate. XV.Mitt. Panzer, Theodor Z.physiol.Chem. 94. 10-72. (1915) - Ref. C. 1915. II. 1180 W.Ref. 2724

Die Veränderung von Stärke durch gasförmige Salzsäure. Frary, F.G. und Dennis, C. J.ind.Engng.Chem. 7. 214-16. (1915) - Ref. C. 1915. I. 1257 W. Ref. 2405

Die Geschwindigkeit der Hydrolyse von Stärke und Maltose durch kalte konzentrierte und rauchende Salzsäure. Daish, A.J. J. chem.Soc.(London) 105. 2065-2073 (1914) - Ref. C. 1914. II. 1303, C.A. 9. 196 (1915), W. Ref. 123.

Einwirkung kalten, konzentrierten Chlorwasserstoffs auf Stärke und Maltose. Daish, A.J. J.chem.Soc.(London) 105. 2053-2065 (1914) - Ref. C.A. 9. 196 (1915), C. 1914. II. 1302, W. Ref. 122.

Ein neues industrielles Verfahren zur Destillation von Mais durch Säureverzuckerung nebst Verwendung aller Nebenprodukte. Barbet, E. 8. Int.Congr.appl.Chem., Washington and New York, Orig. Commun.14. 25-29 (1912) - W.Ref. 110.

Einige Beobachtungen über die Verzuckerung der Stärke durch verdünnte Säuren. Fernbach, A. und Schön, M. Bull.Soc.chim. France 11. 303-308 (1912) - Ref. C. 1912. I 1617, W.Ref. 117.

Stärkehydrolyse durch Säuren mit einigen beigefügten Resultaten über die Geschwindigkeit der Hydrolyse. Defren, G. 8. Int. Congr.appl.Chem., Washington and New York, Orig.Commun. 13. 113-123 (1912) - Ref. C.A. 6. 3034 (1912) W.Ref. 115.

Das Vorhandensein von Maltose in säurehydrolysierten Stärkeprodukten. Defren, G. 8. Int.Congr.appl.Chem., Washington and New York, Orig.Commun. 13. 111-112 (1912) - W.Ref. 114.

Eine Studie über die unvergärbaren Rückstände der Stärkehydrolysenprodukte. Bryant, A.P. und Miner, C.S. 8. Int.Congr.appl. Chem., Washington and New York, Orig.Commun. 13. 57-61 (1912) - W.Ref. 113.

Zur Kenntnis des sogenannten Gallisins im technischen Stärkezucker. Gatterbauer, J. Z.Unters.Nahrungs- u. Genußmittel 22. 265-290 (1911) - Ref. C. 1911. II. 1520, C.A. 6. 940 (1912), W.Ref. 108.

Die Säurehydrolyse der Stärkekörner. Duryea, C.B. J.Soc.chem.Ind. 30. 789-790 (1911) - W.Ref. 107.

Einwirkung von Halogenwasserstoffsäuren auf Stärke. II.Mitt. Oechsner de Coninck, W. Bull.Acad.roy.Belgique,Cl.Sci. 1910. 848-849 (1911) - Ref. C. 1911. I. 213.

Einwirkung von Halogenwasserstoffsäuren auf Stärke. Oechsner de Coninck, W. Bull.Acad.roy.Belgique,Cl.Sci. 1910. 515-517. - Ref. C. 1910. II. 728. C.A. 5. 394 (1911) W. Ref. 99

Neue Untersuchungen über die Geschwindigkeit der Stärkeverzuckerung. 1. Lär, H.van Bull.Cl.Sci.,Acad.roy.Belgique 1910. 611-641. - Ref. C. 1910. II. 1458, W. Ref. 100.

Über das Verhalten der Stärke bei der Hydrolyse mit ziemlich concentrirter Schwefelsäure. Tollens, B. Ber.dtsch.chem.Ges. 39. 2190-2193 (1906) - Ref. C 1906. II. 424, W.Ref. 93.

Über das Verhalten der Stärke beim Hydrolysieren mit ziemlich konzentrierter Schwefelsäure. Tollens, B. Z.Ver.dtsch.Zuckerind. 43. 664-69 (1906)

Experimentalstudie über den Stärkeverzuckerungsprozess. Moreau, J Wschr.Brauerei 22. 37-39, 49-62 u. 72-75 (1905) - Ref. C. 1905. I. 863

Die Einwirkung von Säure, Dampfdruck und Zeit auf die Bildung von Dextrose und Dextrin bei der Inversion der Kartoffelstärke mittels Mineralsäuren. Parow, E. Z.Spiritusind. 28. 121-123 (1905) - Ref. C. 1905. I. 1462, W. Ref. 89.

Maltose- und Dextrinhydrolyse durch verdünnte Säuren und die Stärkebestimmung. Noyes, W.A., Crawford, G., Jumper, C.H., Flory, E.L. und Arnold, R.B. J.Amer.chem.Soc. 26. 266-280 (1904) - Ref. C. 1904. I. 1232, W.Ref. 87.

Die Gegenwart von Maltose in säurehydrolysierten Stärkeprodukten. Rolfe, G.W. und Haddock, I.T. J.Amer.chem.Soc. 25. 1015-1019 (1903). - Ref. C. 1903. II. 1319, W. Ref. 85.

Stärkehydrolyse durch Säuren. Rolfe, G.W. und Geromanos, H.W. J.Amer.chem.Soc. 25. 1003-1014 (1903) - Ref. C. 1903. II. 1318, W.Ref. 84.

Zur Kenntnis des Gleichgewichtes zwischen Maltose und Dextrose. Pomeranz, C. Mh. Chem. 23. 750-53 (1902)

Über die Beziehung der Jodwasserstoffsäure und ihrer Salze zu Stärke- und Dextrinjodiden. Hale, F.E. Amer.chem.J. 28. 438-450 (1902) - Ref. C. 1903. I. 321, W.Ref. 911.

Stärkehydrolyse durch Säuren. Pellet, H. Bull.Assoc.Chimistes 16 758-759 (1898-99) - W.Ref. 75.

Einwirkung von Bromwasserstoff in Gegenwart von Äther auf Kohlenhydrate und gewisse organische Säuren. Fenton, H.J.H. und Gostling, M. J.chem.Soc.(London) 73. 554-559 (1898) - Ref. C. 1898. II. 181 W.Ref. 707.

Stärkehydrolyse durch Säuren. Johnson, H. J.chem.Soc.(London) 73, 490-502 (1898) - Ref.C. 1898. I. 1292, W.Ref. 74

Umbildung der Stärke durch die Wirkung schwefliger Säure und ihrer Lösungen. (Auszug).Bergé, A. Bull.Assoc.Chimistes 15. 425-426 (1897-98) - W.Ref. 71.

Die Hydrolyse von Stärke durch Säuren. Johnson, H. Proc.chem.Soc. 1897/98. Nr. 193. 106-07 - Ref. C. 1898. I. 1292

Analytische Untersuchung der Stärkehydrolyse durch Säuren. Rolfe, G.W. und Defren, G. J.Amer.chem.Soc. 18. 869-900 (1896) - Ref. C. 1896. II. 961-964, W.Ref. 70.

Der Gebrauch schwefliger Säure ($HNaSO_3$) bei der Herstellung von Glukosesirup und Traubenzucker. Horton, H.E. J.Amer.chem.Soc. 17. 281-286 (1895) - W.Ref. 68.

Studien über die Stärke. 2.Mitt. Über das Gallisin und dessen Entstehungsweise. Scheibler, C. und Mittelmeier, H. Ber. dtsch.chem.Ges. 24. 301-305 (1891) C. 1891. I. 532. - W.Ref.66

Zur Kenntnis der Kohlenhydrate. Teil 7. Über die Verzuckerung der Stärke. Teil 8. Über Dextrinbildung. Wohl, A. Ber.dtsch.chem. Ges. 23. 2101-2105 (1890) - W.Ref. 65.

Über die Produkte der Verzuckerung stärkemehlartiger Substanzen durch Säuren. Flourens, G. C.R.hebd.Séances Acad.Sci 110. 1204-1206 (1890) - W.Ref. 63.

Über die Verzuckerung der Stärke mit Salzsäure. Bauer, E. Österr -ungar.Z.Zuckerind.u.Landwirtsch. 18. 424-429 (1889) - Ref. C. 1889. II. 828, W.Ref. 62

Umsetzung von Stärke in Glukose mittels Salzsäure. Harvey, S. Analyst 11. 221-223 (1886) - W.Ref. 60.

Über die Zusammensetzung der im käuflichen Stärkezucker enthaltenen unvergährbaren Substanzen und deren Ermittlung. Schmitt, C. und Cobenzl, A. Ber.dtsch.chem.Ges. 17. 1000-1015 (1884) - W.Ref. 54.

Zur Kenntnis des Gallisins. Schmitt, C. und Rosenhek, J. Ber. dtsch.chem.Ges. 17. 2456-67 (1884) - W.Ref. 55.

Bemerkungen zu der Arbeit von F.Salomon, betitelt: "Die Stärke und ihre Verwandlungen unter dem Einfluß anorganischer Säuren." Musculus, F. J.prakt.Chem. 28. 496-504 (1883) - W.Ref. 51.

Die Stärke und ihre Verwandlungen unter dem Einfluß anorganischer und organischer Säuren. Salomon, F. J.prakt.Chem. 28. 82-154 (1883) - W.Ref. 52.

Über die Einwirkung der verdünnten Salzsäure auf Stärkemehl. Allihn, F. Dingler's polytechn.J. 250. 554-555 (1883) - Ref. C. 1884. 60, W.Ref. 50.

Über den Verzuckerungsprocess bei der Einwirkung von verdünnter Schwefelsäure auf Stärkemehl bei höheren Temperaturen. Allihn, F. J.prakt.Chem. 22. 46-97 (1880) - W.Ref. 46.

Über die Verzuckerung stärkeartiger Substanzen. Bondonneau, L. C.R.hebd.Séances Acad.Sci. 81. 1210-1212 (1875) - W.Ref. 41.

Über die Verzuckerung stärkeartiger Substanzen. Bondonneau, L. C.R.hebd.Séances Acad.Sci. 81. 972-974 (1875) - Ref. C. 1876. 6, W.Ref. 40.

Vorlesungsversuch zur Illustration der Wirkung verdünnter Schwefelsäure auf Amylon. Vogel, A. Ber.dtsch.chem.Ges. 4. 140 (1871) - W.Ref. 38.

Untersuchungen über die Wirkungen der Gegenwart oder des Kontaktes (katalytische Kraft von Berzelius). Dubrunfaut, A.P. C.R.hebd.Séances Acad.Sci. 69. 1199-1203 (1869) - W.Ref. 36.

Zur Umwandlung der Stärke in Traubenzucker. Philipp, O. Z.Chem. 10. 400-402 (1867) - W.Ref. 35.

Stärke, Dextrin und holzartige Gewebe. Payen, A. Ann.Chim.Phys. 7. Sér.4; 382-405 (1866) - W.Ref. 34.

652. Hydrolyse durch Salze

Über das Wesen der Salzhydrolyse der Stärke, betrachtet im Lichte der Salzwirkung auf die Bakterienentwicklung. Yasuda, Morio J.Biochemistry 10. 259-76 (1929) - Ref. C. 1929. II. 1420

Über die vermeintliche Salzhydrolyse der Stärke. Malyschev, N. Biochem.Z. 206. 401-09. (1929) - Ref. C. 1929. II. 860.

Zur Frage über die "Salzhydrolyse" der Stärke. Iwanowski, N. J. exp.Biol.Med.(russ.) 1928. 292-94 - Ref. C. 1929. II. 1653

Salzhydrolyse der Stärke. Glimm, E. und Grimm, R. Biochem.Z. 197. 445-59. (1928) - Ref. C. 1928. II. 1200

Die Salzhydrolyse der Stärke. III. Hydrolyse durch anorganische Katalysatoren ("Künstliche Oxydasen"). Biedermann, W. und Jernakoff, C. Biochem.Z. 149. 309-328 (1924) - Ref. C. 1924. II. 1883 W.Ref. 1121

Über den Abbau der Stärke durch Salze. Iljin, W.S. Biochem.Z. 145. 14-17 (1924) - Ref. C. 1924. I. 2339 W.Ref. 1123

Die Salzhydrolyse der Stärke. 2.Mitt. Biedermann, W. Biochem.Z. 137. 35-52 (1923) - Ref. C. 1923. III. 834 W. Ref. 1119

Die Salzhydrolyse der Stärke.1.Mitt. Biedermann, W. Biochem.Z. 135. 282-292 (1923) - Ref. C. 1923. III. 663 W.Ref. 1118

Über die entgegengesetzte Einwirkung der löslichen Chloride und Sulfate auf stärkehaltige Substanzen. Courtonne, H. C.R.hebd. Séances Acad.Sci. 171. 1168-1170 (1920) - Ref. C. 1921. I. 728 W.Ref. 1348

Experimentelle Untersuchungen über die Spaltung der Stärke in Gegenwart von Speichelasche. Bochrach, Eudoxie C.R.Séances Biol.Filiales Associées 83. 1583-1584 (1920) - Ref. C. 1921. I. 443

Über die Wirkung der Speichelasche auf Stärkelösung. Schulz, Fr.N. Fermentforschung 3. 72-74 (1919) - Ref. C. 1920. I. 8 W.Ref. 1111

Über den Einfluß der Reaktion auf die Stärkeverzuckerung mit besonderer Berücksichtigung der Phosphate. Windisch, W. und Derz Wschr.Brauerei 30. 533-37 (1913) - Ref. C. 1913. II. 2011 W.Ref. 2926

Einfluss einiger Miniralverbindungen auf die Verflüssigung der Stärke. Wolff, J. und Fernbach, A. C.R.hebd.Séances Acad Sci. 143. 363-65 (1906) - Ref. C. 1906. III. 1046 W.Ref. 1308

653. Hydrolyse durch organische Verbindungen (Organische Säuren, Alkoholyse, Acetolyse)

Über die zuckerartigen Abbauprodukte der Stärke bei der Hydrolyse durch Oxalsäure, mit besonderer Berücksichtigung der Lintner'schen Isomaltose. Diersen, H. Dissertation, Hannover 1962.

Acetobrominolyse von Di- und Polysaccharid-Acetaten. Jeanes, A.R. Wilham, C.A. und Hilbert, G.E. J.Amer.Chem.Soc. 75. 3667-73 (1953) - Ref. C.A. 48. 10602e (1954)

Die Darstellung neuer Glucoside. Die direkte Alkoholyse der Stärke. Cantor, S.M. Chem.Age 45. 213 (1942) - Ref. C. 1943. I. 1335

Über die Bildung von Heptacetylglucose bei der Acetolyse. Freudenberg, Karl und Soff, Karl Ber.dtsch.chem.Ges. 70. 264-66 (1937) - Ref. C. 1937. II. 400

Die Fermentwirkungen der Ascorbinsäure (Vitamin C). Woker, G und Antener, J. Helv.chim.Acta 20. 144-50. (1937) - Ref. C. 1937. I. 3498

Über Cellotriose und ihre Derivate. 54.Mitt. über Cellulose. VI. über die Acetolyse der Cellulose. Hess, K. und Dziengel, K. Ber.dtsch.chem.Ges. 68. 1594-1605 (1935) - Ref. C. 1935. II. 2819

Über den alkoholytischen Abbau der Stärke. Berner, Endre und Melhus, Fredrik Ber.dtsch.chem.Ges. 66. 1333-38. (1933) - Ref. C. 1933. II. 2523

Die Acetolyse der Cellulose. 20.Mitt. über Lignin und Cellulose. Freudenberg, Karl und Soff, Karl Ber.dtsch.chem.Ges. 66. 19-27. (1933) - Ref. C. 1933. I. 1605

Acetolyse der Stärke. Sutra, R. C.R.hebd.Séances Acad.Sci. 195 1079-80. (1932) - Ref.C. 1933. I 933

Beiträge zum Chemismus der "Stärke". Schmorl, Karl Z.ges. Getreidewesen 17. 92-95. (1930) - Ref. C. 1930. II. 154

Notiz über Acetolyse von Polysacchariden. Bergmann, Max und Beck, Franz Ber.dtsch.chem.Ges. 54. 1574-1578 (1921) - Ref. C. 1921 III. 779 W.Ref. 796

Wirkung von Milchsäure und Weinsäure auf Stärke und Dextrin. Oechsner de Coninck, W. Bull.Cl.Sci.,Acad. roy.Belgique 1911. 592-593 - W.Ref. 104.

Wirkung von Oxalsäure und Malonsäure auf Stärke und Dextrin. Oechsner de Coninck, W. Bull.Cl.Sci.,Acad. roy.Belgique 1911. 438-439- Ref. C.A. 5. 3636 (1911), W.Ref. 103

Wirkung der in steigendem Verhältnis angewandten Ameisen- und Essigsäure auf Stärke und Dextrin. Oechsner de Coninck, W. Bull.Cl.Sci.,Acad. roy.Belgique 1911. 335-337. - W.Ref. 102.

Über die letzten Abbauprodukte der Stärke bei der Hydrolyse mit Oxalsäure, unter besonderer Berücksichtigung der Dierssenschen (Lintnerschen) "Isomaltose". Grüters, F. Z.angew.Chem. 17. 1169-1179 (1904) - Ref. C. 1904. II. 825, W.Ref. 86.

Über die letzten Abbauprodukte der Stärke bei der Hydrolyse mit Oxalsäure unter besonderer Berücksichtigung der Dierssenschen (Lintnerschen) "Isomaltos". Grüters, F. Dissertation, Heidelberg 1904.

Über die zuckerartigen Abbauprodukte der Stärke bei der Hydrolyse durch Oxalsäure, mit besonderer Berücksichtigung der Lintnerschen Isomaltose. Dierssen, H. Z.angew.Chem. 1903. 122-134. - Ref. C. 1903. I. 698, W. Ref. 83.

Über den Abbau der Stärke durch die Wirkung der Oxalsäure. Lintner, C.J. u. Düll, G. Ber.dtsch.chem.Ges. 28. 1522-1531 (1895) - Ref. C. 1895. II. 394, W.Ref. 69.

Die elementare Zusammensetzung der Weizenstärke und die Einwirkung von verdünnter Essigsäure auf Stärkemehl. Schulze, L. J.prakt.Chem. 28. 311-338 (1883) - Ref. C. 1884. 217, W. Ref. 53.

Über die chemische Konstitution der stärkemehlartigen Substanzen. Musculus, F. C.R.hebd.Séances Acad. Sci. 68. 1267-1269 (1869) - W.Ref. 37.

654. Hydrierung und Hydrolyse

Hydrierung von Stärkehydrolysat. Atlas Powder Co. (Erfinder: Kasehagen, L.) A.P. 2 968 680 ausg. 17/1. 1961., - Ref. C.A. 55. 12898a (1961) - Ref. J.Chem.(russ.) 1962. 7 N334

Katalysatoren für die Hydrierung von Polysacchariden. Baladin, A. A., Wassjunina, N.A., Baryschewa, G.Ss, und Tschepigo, Ss.W. Nachr.Akad.Wiss.UdSSR,Abt.chem.Wiss.(russ.) 1957. 392. - Ref. C. 1958. 8353 Stärke 11. 88 (1959) C.A. 51. 14260f(1957)

Die hydrolytische Hydrierung von Kohlenhydraten in einem sauren Medium. Scholten's Chemische Fabrieken, übert. von: Kool, C. M.H., van Westen, H.A. und Hartstra, L. A.P. 2 609 399, vom 30/12. 1947., ausg. 2/9. 1952. - Ref. Stärke 5. 72 (1953)

Gleichzeitige Hydrolyse und Hydrierung von Polysacchariden. Scholten's Chemische Fabrieken (Erfinder: Lolkema, J. und van Westen, Hendrik A.) Holl.P. 65 118 Kl. 89K vom 25/2. 1946., ausg. 16/1. 1950. - Ref. Stärke 3. 84 (1951)

Hydrolysierende Hydrierung von Polysacchariden. Scholten's Chemische Fabrieken, N.V.W.A.,(Erfinder: Lolkema, J. und van Westen, H.A.) D.B.P. 890 946 Kl.12o vom 8/2. 1944., ausg. 24/9. 1953. Holl.Prior. 25/2. 1943.- Ref. C. 1954. 9176

Verfahren für die hydrolysierende Hydrierung auf katalytischem Wege von Polysacchariden, insbesondere Stärke und Stärkederivaten. Scholten's Chemische Fabrieken,N.V., (Erfinder: Lolkema, J. und van Westen, H.A.) D.P.(DDR) 3 049 vom 8/2. 1944., ausg. 23/8. 1954. (Ausschliessungspatent)

Gleichzeitige Hydrolyse und Hydrierung von Polysacchariden. Scholten's Chemische Fabrieken, N.V.W.A. F.P. 902 516 vom 9/3. 1944., ausg. 3/9. 1945. Holl.Prior. 25/2. 1943. - Ref. C. 1946. I. 562

Hydrieren von Stärke und anderen Kohlenhydraten. Deutsche Gold- und Silberscheideanstalt vormals Roessler (Erfinder: Natta, Giulio und Beati, Enrico) D.B.P. 892 590 Kl.12o vom 5/7. 1941., ausg. 8/10. 1943. It.Prior. 21/5. 1940. - Ref. C. 1954. 2269 C.A. 50. 6824f (1956)

Hydrieren von Stärke. Natta, Giulio und Beati, E. It.P. 382 820 vom 21/5. 1940., - Ref. C. 1942. II. 591

Hydrierung von Sacchariden. Yoshikawa, Kiyoshi Sci.Pap.Inst. physic.chem.Res. 24. Nr. 513/23. - Ref. C. 1935. I. 902

655. Hydrolyse durch Erhitzen und Druck

Abspaltung von Phosphorsäure bei der Behandlung von Kartoffelstärke mit Wärme und Feuchtigkeit. Hofstee, J. Vestnik Slovenskega kem.Drustva 1. 125-30 (1955) - Ref. C.A. 50. 5316f (1956)

Untersuchungen über Stärke. 6.Mitt. Hydrolyse von Kartoffelstärke mit Wasser unter Druck bei saurer und neutraler Reaktion. Masior, St. Roszniki Chem.(Ann.Soc.chim.Polonorum) 23. 43-62 (1949) - Ref. C. 1949. E.4916.

Untersuchungen über die Stärke. III. Hydrolyse der Stärke beim Erhitzen von Stärkekleister unter Druck. Tychowsky, A. und Masior, St. Biochem.Z. 291. 399-405 (1937) - Ref. C. 1939. I. 129.

Die Verzuckerung bei hoher Temperatur. Petit, P. Brasserie et Malterie 22. 353-57 (1933) - Ref. C. 1933. I. 2755

Physiko-chemischer Abbau von Stärke. Heininger, R. Kolloid-Beih. 35. 331-71 (1932) - Ref. C. 1933. I. 410.

Methode, um in bestimmten Fällen die Verwendung von Druckflaschen und Autoklaven zu vermeiden, in denen sie gegenwärtig unerläßlich sind. Boulez, Victor Sucrerie Belge 51. 221-23 (1932) - Ref. C. 1932. I. 2868

Über eine neue Reihe von Depolymerisationsprodukten aus Stärke. Pictet, Amé und Vogel, Hans Helv.chim.Acta 12. 700-13 (1929) - Ref. C. 1929. II. 1787.

Über die vollständige Depolymerisierung der Stärke. Pictet, Amé und Salzmann, Rachel Helv.chim.Acta 10. 276-79 (1927) - Ref. C. 1927. I. 2406.

Über den Einfluss des Kochens unter Druck und des p_H auf die Verzuckerung eines Stärkekleisters. Petit, P. Fondation de la Brasserie et la Malterie Francaises,Bl.Nr.6. 1927. 18. Wschr. Brauerei 44. 626-27 (1927) - Ref. C. 1928. I. 1591.

Eine neue Methode der Behandlung von Getreidekörnern und Stärkeprodukten. Anderson, A.P. J.New York Bot.Gard. 3. 87-89 (1902)

Über die Einwirkung von Druck und Temperatur auf die Stärkeverzuckerung. Lippmann, F. Österr.-ung.Z.Zuckerind.u.Landwirtsch. 26. 657-668 (1897) - Ref. C. 1897. II. 557, W.Ref. 72

Untersuchungen über die Eigenschaften von sich unter Druck verbindenden Körpern. Spring, W. Ann.Chim.Phys. 22. Sér.5; 170-217 (1881) - W.Ref. 1206.

Die angebliche Verzuckerung der Stärke durch Wasser unter Hochdruck. Soxhlet, F. Z.ges.Brauwesen 4. 177-181 (1881) - Ref. C. 1881. 661, W.Ref. 685.

Über die Umwandlung von Stärke in Glucose durch kaltes Wasser. Riban, J. Bull.Soc.chim.(Paris) 31.Sem.1; 10-11 (1879) - W. Ref. 678.

656. Gewinnung bestimmter Hydrolysenprodukte

(Auch Sorbit. Hydrolyse durch H_2O_2 vgl. "H_2O_2-Oxydation": 662, Hydrolyse durch Hypochlorit vgl. "Oxydation durch Halogene und Halogensäuren": 663)

Kojibiose (2-0-d-Glukopyranosyl-d-Glukose): Isolierung und Struktur. Sato, A., Aso, K., u. Matsuda, K. Nature (London) 180. 985-86 (1957) - Ref. Stärke 10. 121 (1958)

Eigenschaften, Vorkommen, Darstellung, handelsübliche Produkte und Verwendung von Sorbit. Kempf, W. Stärke 6. 303-304 (1954)

Abbau von Amylopektin zu Panose. Thompson, A. und Wolfrom, M.L. J.Amer.chem.Soc. 73. 5849 (1951) - Ref. Stärke 4. 104 (1952) C. 1954. 5768.

Kalziumgluconat aus Stärke durch Hydrolyse. Mizuguchi, Jun Japan.P.3485('50) vom 30/10. 1950 - Ref. C.A. 46. 10023 g (1952)

Sorbit aus Stärke durch Hydrolyse. Mizuguchi, J. Japan.P. 3484 ('50) vom 30/10. 1950 - Ref. C.A. 46. 10024 a (1952)

Lakton aus Glucuroninsäure durch direkte Hydrolyse von löslicher Stärke. Ohmori, T. (Minophergen Drug Manufg,Co.) Japan P. 179 069 vom 31/5. 1949. - Ref. C.A. 46. 1585 e (1952)

Mehrwertige Alkohole. Shell Development Co., übert.von: Hartstra, L., Bakker, L. und van Westen, H.A. A.P. 2 518 235 vom 19/12. 1946., ausg. 8/8. 1950. Holl.Prior. 7/1. 1946. - Ref. C. 1951. I. 3565

Glycerin und Glykol durch Hydrierung von Kohlenhydraten. Natta, G., Rigamonti, R. und Beati, E. Chim.e Ind.(Milano) 24. 419-25. (1942) - Ref. C. 1943. I. 2344

Die Darstellung von Sorbit durch direkte Hydrierung von Stärke. Rigamonti, R. und Beati, E. Reale.Ist.lombardo Sci.Lettere, Rend.Cl.Sci.mat.natur. (3) 73. 633-44 (1938/40) - Ref. C. 1941 II. 1680

Über die sogenannte Amylobiose. Myrbäck, K. und Oertenblad, B. Svensk kem.Tidskr. 50. 185-89. (1938) - Ref. C. 1939. I. 130

Über eine Hexosephosphorsäure, die bei der Hydrolyse von Stärkemehl erhalten wird. Posternak, Theodore C.R.hebd.Séances Acad.Sci. 198. 506-07. (1934) - Ref. C. 1935. I. 570

Herstellung niedrigmolekularer mehrwertiger Alkohole. Pont de Nemours & Co.,E.I.du,übert.von: Rothrock, Henry S. A.P. 2 004 135 vom 23/12. 1932.,ausg. 11/6. 1935.- Ref. C. 1936. I. 1109

Studien über Pflanzenkolloide. XXX. Phosphorhaltige Abbauprodukte der Kartoffelstärke. Samec, M. Kolloid-Beih. 33. 449-59. (1931) - Ref. C. 1932. II. 3067

Über krystallisierte Polysaccharide aus Stärke. Pringsheim, H. u. Langhans, Alfred. Ber.dtsch.chem.Ges. 45. 2533-46 (1912) - Ref. C. 1912. II. 1433 W.Ref. 629.

657. Untersuchung und Nachweis von Hydrolysenprodukten

Schnellbestimmung der Verzuckerungsgeschwindigkeit der Stärke. Schulga, A.N. Hochschulnachr. (Krasnodar), Nahrungsmittel-Technol.(russ.) 1963. Nr.5. 158-59. - Ref. C. 1964. 28-2725 Ref. J.Chem.(russ.) 1964. 24 R312. Stärke 17. 366 (1965)

Polarimetrische und thermometrische Untersuchungen von durch Glucamylase katalysierten Hydrolysen. Maltose, Phenyl-α-Maltosid und Panose. Ono, S., Hamauzu, Z., Takahashi, K. und Hiromi, K. Symposia Enzyme Chem.(Japan) 15. 111-13 (1963) - Ref. C.A. 62. 2981c (1965)

Papierchromatographie von Maisstärkehydrolysaten in großem Maßstab. Commerford, J.D., Duzee, G.T.van und Scallet, B.L. Cereal Chem. 40. 482-86 (1963) - Ref. C. 1964. 39-2597. Stärke 16. 343 (1964)

Isolierung und Bestimmung der Saccharid-Komponenten von Stärkehydrolysaten. Hoover, W.J. Univ.Microfilms (Ann Arbor,Mich.), Order No. 63-5102 121 S. - Ref. C.A.(B.) 60. 3222g (1964)

Zur Bestimmung der Glucose in Stärkesirup mittels Glucose-Oxydase. Täufel, K., Ruttloff, H. und Friese, R. Stärke 14. 309-18 (1962) - Ref. 1963. 7970. C.A. 58 7016h (1963)

Die Bedeutung der Bildung von Oxymethylfurfurol und Melanoidinen bei der Zersetzung von Zuckern. Ssotskaja, W.P. und Smirnow, W.A. Hochschulnachr.,Nahrungsmittel-Technol.(russ.) 1961. Nr. 3. 22-33. - Ref. Stärke 14. 261 (1962)

Einfluß geringer Mengen von Aminosäuren auf die Färbung von 5(Hydroxymethyl)-2-furaldehyd in mit Säure erhitzten Glucosesirup. Yoshihiro, Y., Kuroiwa, S. und Nakamura, M. J.chem.Soc.Japan ind.Chem.Sect. 64. 671-77 (1961) - Ref. C.A. 57. 6193e (1962)

Einfache Verfolgung der Stärkehydrolyse. Rusznák, I., Péter, F. und Gergely, A.G. Acta chim.Acad.Sci.hung. 27. 295-302 (1961) - Ref. C.A. 55. 21631c (1961) Stärke 13. 385 (1961) - Ref. J. Chem.(russ.) 1962. 3 N 307. C. 1963. 6050.

Neuere Beiträge zur Chemie der Stärkefraktionen. 9.Mitt. Die Untersuchung der sauren Stärkehydrolyse mittels des polarographischen Sauerstoffmaximums. Holló, J., Szejtli, J., László, E. und Friedmann, Zs. Stärke 13. 32-38 (1961) - Ref. C.A. 55. 19287i (1961)

Neuere Beiträge zur Chemie der Stärkefraktionen. 9.Mitt. Untersuchung der sauren Hydrolyse der Stärke durch die polarographische Dämpfung des Sauerstoffmaximums. Holló, J., Szejtli, J., László, E. und Zsuzsa, F. A Budapesti Müszaki Egyetem, Mezögazdasági Kémiai Technológiai Tanszékének Közleményei 1960. 39-46.

Zucker in Säure- und Enzym-Hydrolysaten von Polysacchariden. 4. Mitt. β-verzweigte Zucker in der Oligosaccharidfraktion von Handels-Sirup, hergestellt durch Säure- oder Enzym-Hydrolyse von Süß-Kartoffel-Stärke. Aso, K., Shibasaki, K., Yamauchi, F. und Watanabe, T. Tohoku J.agric.Res. 11. 255-64 (1960) - Ref. C.A. 55. 7874i (1961)

Zucker in Säure- und Enzym-Hydrolysaten von Polysaccahriden. 3. Mitt. Zucker-Zusammensetzung von Handels-Sirup, hergestellt durch Säure- oder Enzym-Hydrolyse von Süß-Kartoffel-Stärke. Aso, K., Shibasaki, K., Watanabe, T. und Yamauchi, F. Tohoku J.agric.Res. 11. 245-54 (1960) - Ref. C.A. 55. 7874h (1961)

Papierchromatographische Studien zur Saccharosespaltung in neutraler, alkalischer und saurer Lösung. Weidenhagen, R. und Stelzig, C. Zucker 12. 244-57 (1959)

Hydrolyse und optische Drehung von Zellulose, Stärke und Cycloglukonen. Freudenberg,K. J.Polymer Sci.23. 791-99 (1957) - Ref. C.A. 51. 10897b (1957) C. 1958. 2746.

Trennung von Kohlenhydraten an Kohlesäulen in Gegenwart von Borat. Barker, S.A., Bourne, E.J. und Theander, O. J.chem.Soc. London 1955. 4276-80 - Ref. C. 1956. 8581.

Untersuchung der chemischen Hydrolyse von Stärke mit Hilfe der Papierchromatographie. Calvo, J.M. An.Inst.Farmacol.espãn. 4. 305-15 (1955) - Ref. C.A. 52. 2132b (1958)

Die durch Kongorot angezeigte Hydrolyse von Stärke. Carroll, B. und van Dyk, J.W. J.Amer.chem.Soc. 76. 2506-10 (1954) - Ref. C. 1955. 3395 C.A. 48. 11823e (1954)

Identifizierung der reduzierenden Zucker in Amylolysaten von Stärke und Stärke-Oligosacchariden. Pazur, J.H. und Sandstedt, R.M. Cereal Chem. 31. 416-22 (1954) - Ref. Stärke 6. 310 (1954)

Die Verteilung der während der partiellen Hydrolyse von Stärke entstandenen Produkte. Hollô, J. und Fejes, P Yearbook Inst. Agr.Chem.Technol.Univ.Tech. Sci Budapest 1952.III-1954.VIII, 32-48. - Ref. Stärke 7. 296 (1955) C.A. 49. 14355i (1955)

Untersuchungen über die unvergärbaren Bestandteile des Stärkezuckers. 5.Mitt. Die Aktivierungswärme der Bildung unvergärbaren Zuckers aus Glucose. Yamana, T. J.pharmac.Soc. Japan 71. 192-94 (1951) - Ref. C. 1956. 7826

Untersuchungen über die unvergärbaren Bestandteile des Stärkezuckers. 4.Mitt. Über die Kinetik der Bildung unvergärbaren Zuckers aus Glucose. Yamana, T. J.pharmac.Soc. Japan 71. 189-92 (1951) - Ref. C. 1956. 7826.

Untersuchungen über die unvergärbaren Bestandteile des Stärkezuckers. 3.Mitt. Über das Gleichgewicht zwischen Glucose und unvergärbarem Zucker. Yamana, T. J.pharmac.Soc.Japan 71. 185-88 (1951) - Ref. C. 1956. 7825

Die Papierchromatographie und ihre Anwendungsmöglichkeiten auf Stärkehydrolysate. Rüggeberg, H. Stärke 3. 150-155 (1951) - Ref. C. 1951. II. 3386

Verfahren für die Fraktionierung der Hydrolyseprodukte von Amylose und Stärke. Mould, D.L. und Synge, R.L.M. Biochem.J. 50. XI. (1952) - Ref. C. 1954. 4630

Bestimmung der hydrolysierten Stärke in Kleister. Maklaschin, A. Textil-Ind.(russ.). 10. 29-31 (1950) - Ref. Stärke 6. 262 (1954) C.A. 48. 7324h (1954)

Über das Vorkommen flüchtiger Basen in Stärkekohlenhydraten. Vorläufige Mitteilung. Wegner, Hans Z.Lebensmittel-Unters.u. -Forsch. 88. 36-38 (1948) - Ref. C. 1950. I. 131.

Stärkestudien.Die Natur einiger Hydrolysenprodukte. Ling, A.R. Chem.and Ind. 56. 346-48 (1937) - Ref. C. 1938. I. 4649.

Polarisiertes Licht und Stärkehydrolyse. Bunker, J.W.M. und Anderson, E.G.E. J.biol.Chemistry 77. 473-88. (1928) - Ref. C. 1928. II. 1077

Dilatometrische Untersuchungen bei den hydrolytischen Spaltungen. Galeotti, G. Z.physik.Chem. 76. 105-126 (1911) - Ref. C.A. 5. 1701 (1911), C. 1911. I. 1197, W.Ref. 740.

658. Hydrolyse sonstiger Kohlenhydrate

Calorimetrische Untersuchungen der Hydrolyse von Glukosiden. 3. Mitt. Der Wärmeeffekt der Hydrolyse von α-1,4-Glucosidverbindungen in höheren Glucosiden. Takahashi, K., Hiromi, K. und Ono, S. J.Biochemistry (Tokyo) 58. 255-57 (1965) - Ref. Stärke 18. 301 (1966)

Calorimetrische Untersuchungen der Hydrolyse von Glucosiden. 2. Mitt. Der Wärmeeffekt der Hydrolyse von α-1,6-Glucosidbindungen. Takahashi, K., Yoshikawa, Y., Hiromi, K. und Ono, S. J.Biochemistry (Tokyo) 58. 251-54 (1965) - Ref. Stärke 18. 301 (1966)

Calorimetrische Untersuchungen der Hydrolyse von Glucosiden. 1. Mitt. Hydrolysewärme von Maltose und Phenyl-α-Maltosid. Ono, S., Hiromi, K. und Takahashi, K. J.Biochemistry (Tokyo) 57. 799-807 (1965) - Ref. Stärke 18. 301 (1966)

Hydrolyse von Pektin durch Säure. Kawamura, S. Techn.Bull.Fac. Agric.,Kagawa Univ.(Japan) 15. 22-28 (1963)

Reversion der Saccharide und Transglycosidierung im sauren Milieu. 4.Mitt. Über die bei der Säurehydrolyse des Inulins entstehenden Reversionsprodukte. Täufel, K. und Steinbach, K.J. Nahrung 3. 832-49 (1959)

Abbau von Glykogen zu Isomaltotriose. Wolfrom, M.L. und Thompson, A. J.Amer.chem.Soc. 78. 4182-83 (1956) - Ref. C. 1957. 1693 Stärke 9. 84 (1957)

Zur Frage der Reversion bei der Säurehydrolyse von Inulin. Müller, K. und Täufel, K. Pharmazie 9. 498-500 (1954) - Ref. C. 1955. 10283

Hydrolyse von Methylglukosiden. Bunton, C.A., Lewis, T.A., Llewellyn, D.R., Tristram, H. und Vernon, C.A. Nature (London) 174. 560 (1954) - Ref. Stärke 7. 12 (1955)

Zur Hydrolyse und Reversion von Sacchariden. Müller, K. und Täufel, K. Naturwissenschaften 40. 140-41 (1953) - Ref. C. 1950/54. 241 S

Hydrolyse von Glykogen mit Salzsäure. Carlqvist, Birger Acta chem. scand. 2. 759-69 (1948) - Ref. C. 1948. E.233

Die Hydrolyse des Inulins in den Säften der Zichorie und des Topinamburs in Gegenwart von Säuren. Bobkow, P.K. Z. Spiritus-Ind. 59. 239-40, 247-48, 257-58 (1936) - Ref. C. 1936. II. 2464

Die Hydrolyse des Inulins unter Druck in den Säften der Zichorie. Bobkow, P.K. Z.Spiritus-Ind. 59. 97-98 (1936) - Ref. C. 1936. I. 4824

Über die Sulfolyse der Cellulose. Korsheniowski, G.A. Chem.J. Ser.B.J.appl.Chem.(russ.) 7. 1480-96. - Ref. C. 1936. I. 2098

Herstellung von Alkoxymethylfurfurolen und Lävulsinsäurealkylestern. Spengler, Oskar; Weidenhagen, Rudolf und Korotkyj, Borys D.R.P. 632 322 Kl.12q vom 1/4. 1934., ausg. 6/7. 1936. - Ref. C. 1936. II. 2798

Die Hydrolyse der Polysaccharide. 17.Mitt. über Lignin und Zellulose. Freudenberg, Karl und Kuhn, Werner; Ber.dtsch.chem.Ges. 65. 484-87. (1932) - Ref. C. 1932. I. 3167

Bemerkungen betreffend i-Lichenin und Stärkeabbau. Karrer, P. Z.physiol.Chem. 148. 62-64 (1925) - Ref. C. 1926. I. 623 W.Ref. 501

66. **Oxydation**

660. **Allgemeines, Übersichten, Patente**
(Ohne bestimmte Angaben der Oxydationsmittel)

Die Oxydation von Weizenstärke. Thewlis, B.H. J.appl.Chem. 13. 464-66 (1963) - Ref. C.A.(B.) 60. 4692g (1964) Ref. J.Chem. (russ.) 1964. 23 R304.

Einige Marksteine in der chemischen Technologie der Kohlenhydratoxydation. Mehltretter, C.L. Stärke 15. 313-19 (1963)

Oxydation von Polysacchariden. Miles Laboratories, Inc. Ind.P. 76 951 vom 1/6. 1961., id.mit A.P. 3 086 969. - Ref. C. 1965. 51-2885.

Förderung der Oxydation, Reduktion, Dehydrierung und anderer Reaktionen durch Bestrahlung. Union Carbide Corp. (Erfinder: Ruskin, S.L.) A.P. 2 934 481 ausg. 26/4. 1960., - Ref. C.A. 54. 16696h (1960)

Über die Herstellung oxydierter Stärke. Bytschkow, B.K. Zucker-Ind. (russ.) 33. Nr.7. 65-68 (1959) - Ref. J.Chem.(russ.) 1960. Nr. 15312 C. 1960. 8372. Stärke 13. 273-74 (1961)

Oxydierte Stärken. Boj, R. Afinadad 36. 135-45 (1959) - Ref. C.A. 53. 23018e (1959) C. 1960. 6351. Ref. J.Chem.(russ.) 1960. 40498. Stärke 12. 345 (1960)

Überblick über den Lufteinfluss auf wässrige Stärkelösungen. Gilbert, G.A. Stärke 10. 95-99 (1958) - Ref. C. 1959. 6163. C.A. 53. 23017i (1959)

Oxydierte Stärke. Nakajima, H. und Momose, A. (Chugai Pharmaceutical Co.) Japan.P. 6898 ('57) vom 29/8. (1957) - Ref. C.A. 52. 10620f (1958) Ref. J.Chem.(russ.) 1961. 7 N355 Stärke 14. 100 (1962)

Dicarboxylstärke. U.S. Department of Agriculture (Erfinder: Hofreiter, B.T., Wolff, I.A. und Mehltretter, C.L.) A.P. 2 894 945 vom 19/12. 1956.,ausg. 14/7. 1959. - Ref. C.A. 54. 2794d (1960) Stärke 13. 348 (1961)

Oxydation von Amylopectin bei verschiedenen Wasserstoff-Ionen-Konzentrationen. Whistler, R.L. und Schweiger, R. J.Amer. chem.Soc. 79. 6460-64 (1957) - Ref. Stärke 10. 90 (1958) C.A. 52. 5864c (1958) C. 1959. 148.

Herstellung oxydierter Stärke. Kaisha, C.S.K. F.P. 1 144 815 vom 23/3. 1956., ausg. 18/10. 1957. - Ref. C. 1959. 8344

Herstellung von Carboxylgruppen enthaltenden hochviscosen Stärkederivaten. Soc.d'Electro-Chimie, d'Electro-Métallurgie et des Aciéries Electriques d'Ugine, F.P. 1 127 509 vom 2/6. 1955., ausg. 18/12. 1956. Ref. C. 1960. 5343.

Der Einfluss von Oxydationsagentien auf Kohlenhydrate. Haller, R. Z.ges.Textilind. 55. 228-33 (1953) - Ref. C.A. 49. 1323a (1955)

Oxydierte Stärke und deren Herstellung. Lauhoff, Grain Co., übert von: Yelland, W.E.C. A.P. 2 606 188 vom 2/8. 1949., ausg. 5/8. 1952. - Ref. Stärke 5. 72,275 (1953)

Oxydation von Stärke. Newton, J.M. und Peckham jr., G.T. in R.W. Kerr: Chemistry and Industry of Starch. Academic Press Inc. Publishers, New York 1950, S. 325-43

Oxydierte Stärke. Eastman Kodak Co., übert. von: W.O. Kenyon u. C.C. Unruh A.P. 2 472 590 vom 2/5. 1945., ausg. 7/6. 1949 - Ref. C. 1949. E. 164

Verhinderung der Kohlenhydratoxydation durch Borate. Militzer, Walter E. J.biol.Chemistry 158. 247-53 (1945) - Ref. C. 1946. II. 55

Die Oxydation von Stärke in neutralen Medien. Radley, J.A. Food Manufact. 18. 14-16 (1943) - Ref. C. 1943. I. 2452

Zur Oxydationskinetik von Suspensionen und Solen der Kartoffelstärke. Nasarow, W.I. Colloid J.(russ.) 6. 245-48 (1940) - Ref. C. 1940. II. 3170

Studien über Pflanzenkolloide. 33. Veränderung der Stärke durch oxydative Einführung saurer Gruppen. Samec, M. und Blinc, Meda Kolloid-Beih. 38. 48-56. (1933) - Ref. C. 1933. II. 1178

Oxydativer Abbau von Kohlenhydraten zu Carbon-säuren. Royal Baking Powder Co., übert. von: W.E. Stokes, u. A.H. Peter,. A.P. 1 870 472 vom 21/12. 1925., ausg. 9/8. 1932. - Ref. C. 1932. II. 3305

Über den oxydativen Abbau einiger physiologisch wichtiger Stoffe nach dem Verfahren von Hehner. Lieben, Fritz und Molnar, Erich Mh.Chem. 53/54. 1-13. (1929) - Ref. C. 1931. I. 445

Langsame und induzierte Oxydation von Glykogen, Lecithin, Cholesterin, Formiaten, Oleaten, Stearaten und einigen Nahrungsmitteln. Palit, C.C und Dhar, N.R. J.physic.Chem. 34. 711-23. (1930) - Ref. C. 1930. I. 3688

Über die jodometrische Wertbestimmung beim oxydativen Stärkeabbau Haller, R., Hackl, J. und Frankfurt, M. Melliand Textilber. 9. 757-58 (1928) - Ref. C. 1929. I. 2934.

Katalytische und induzierte Oxydation einiger Kohlehydrate, Harnsäure und anorganischer Substanzen. Palit, C.C. und Dhar, N.R. J.physic.Chem. 30. 939-53. (1926) - Ref. C. 1926. II. 2262

Induzierte Oxydation von Kohlenhydraten. Palit, C.C. und Dhar, N.R. J.physic.Chem. 29. 799-807. (1925) - Ref. C. 1925. II. 1329.

Über die Oxydation des Amylodextrins. Syniewski, W. Liebigs Ann. Chem. 441. 277-285 (1925) - Ref. C.A. 19. 1250 (1925), C. 1925 I. 1486, W.Ref. 1043.

Überführung von Kohlenhydraten in höher oxydierte Produkte. Royal Baking Powder Co. übert.von Henzerling, H.L. A.P. 1 834 057 vom 26/10. 1923.,ausg. 1/12. 1931. - Ref. C. 1932. I. 1439

Synthese der Cyansäure durch Oxydation organischer Stoffe. Fosse, R. Bull.Soc.chim.France 29. Sér. 4; 158-203 (1921) - W.Ref. 1035

Die Autoxydation der Zuckerarten. Berczeller, L. und Szegö, E. Biochem.Z. 84. 1-36. (1917) - Ref. C. 1918. I. 334 W.Ref. 780

Über die von M.O. Schmerber unternommenen Versuche zur Oxydation stärkehaltiger Stoffe. Dollfus, E. und Scheurer, F. Bull.Soc. ind.Mulhouse 66. 241-245 (1896) - Ref. W.Ref. 1021.

Bemerkung über die Oxydation stärkehaltiger Stoffe. Schmerber, O. Bull.Soc.ind.Mulhouse 66. 238-241 (1896) - Ref. W.Ref. 1022.

Über die Oxydation der komplexen Kohlenhydrate. Chalmot, G.de. Amer.chem.J. 17. 535-539 (1895) - W.Ref. 1020.

661. Perjodat-Oxydation (Dialdehydstärken)

(Dialdehydstärke: Gewinnung, Eigenschaften, Verhalten, Untersuchung, Derivate, auch Ameisensäure-Bestimmung. Vgl. auch "Chemische Strukturbestimmungen": 733)

Neuere Fortschritte in der Technologie der Dialdehydstärke. Mehltretter, C.L. Stärke 18. 208-213 (1966)

Derivate von Dialdehydstärke. Inano, M. J.technol.Soc.Starch (Japan) 12. 139-48 (1965)

Herstellung und Anwendung von Dialdehydstärke. 2.Mitt. Laborherstellung von Perjodsäure und Dialdehydstärke. Babor, K., Kaláč, V. und Tihlárik, K. Listy Cukrovarnicke 81. Nr. 2 30-33 (1965) - Ref. Stärke 17. 206 (1965) Ref. J.Chem.(russ.) 1965. 16 R281 C.A. 63. 778f (1965)

Beitrag zur Perjodatoxydation von Sacchariden. 1.Mitt. Jodometrische Bestimmung geringer Mengen Ameisensäure unter Anwendung der amperometrischen Titration. Babor, K., Kaláč, V. und Tihlárik, K. Chem.Zvesti 12. 913-17 (1964) - Ref. Stärke 17. 169 (1965)

Bereitung und Verwendung des Stärkedialdehyds. Babor, K., Kaláč, V. und Tihlárik, K. Listy Cukrovarnické 80. 265-69 (1964) - Ref. C. 1965. 30-2963. C.A. 62. 5427h (1965) Ref. J.Chem. (russ.) 1965. 9 R339. Stärke 17. 135 (1965)

Dialdehydstärke. Natrium-Perjodatoxydation von Maisstärke. Mehltretter, C.L. in: Whistler, R.L u.a., Methods in Carbohydrate Chem. Vol.IV., Academic Press 1964. S. 316-317.

Löslichkeit von Dialdehydstärke in verschiedenen verdünnten Lösungen. Arnold, L.K., Choudhury, R.B.R. und Roberts, H.C. Proc.Iowa Acad.Sci. 71. 188-92 (1964) - Ref. C.A. 63. 13551b (1965)

Der Einfluß der Versuchsbedingungen auf die "Intrinsic-Viscosität" und Sedimentationswert von perjodatoxydierten Stärken. Schaefer, W.C., Burr, R.C.,,Russell, C.R., Babcock, G.E. und Rist, C.E. Cereal Chem. 41. 406-12 (1964) - Ref. J.Chem. (russ.) 1965. 22 R341.

Infrarot-Spektren wäßriger Dialdehydstärkelösungen. Milch, R.A. und Murray, R.A. J.Amer.Leather Chemists Assoc. 59. 310-16 (1964) - Ref. C. 1965. 16-3313.

Kationische Dispersionen von Dialdehydstärke. 2.Mitt. Eine vergleichende Untersuchung in gebleichtem Weichholz-Sulfat. Mirza, J., Borchert, P.J., Kaser, W.L. und Curtis, J.H. Tappi 47. 583-86 (1964) - Ref. Stärke 17. 100 (1965)

Kationische Dispersionen von Dialdehyd-Stärke. 1.Mitt. Theorie und Herstellung. Borchert, P.J. und Mirza, J. Tappi 47. 525-28 (1964) - Ref. Stärke 17. 100 (1965)

Untersuchung des Prozesses welche bei der Perjodat-Oxydation der Stärke in der Zelle abläuft. Conway, H.F., Lancaster, E.B. und Sohns, V.E, Elektrochem.Technol. 2. Nr. 1-2. 43-46 (1964) - Ref. J.Chem.(russ.) 1965. 2 R207.

Neuere Beiträge zur Chemie der Stärkefraktionen. 13.Mitt. Die Mikro-Ameisensäurebestimmung bei der Perjodatoxydations-Bestimmungsmethode von Stärke. Holló, J., László, E., Gantner, G.S., Hoschke, A. und Szejtli, J. Nahrung 7. 33-40 (1963) - Ref. Stärke 15. 159 (1963) C.A. 58. 14278e (1963) C. 1964. 5-2654.

Untersuchung der Gewinnung von Dialdehydstärke. 2.Mitt. Die Reaktion von Dialdehydstärke mit Harnstoff, Guanidin und Dicyandiamid. Omae, K., Inano, M., Kondo, M. und Okane, M. J.Japan techn.Assoc.Pulp Paper Ind. 17. 769-73 (1963) - Ref. J.Chem.(russ.) 1965. 1 R235 C.A. 63. 778e (1965).

Dialdehyd-Polysaccharid-Acetal. Miles Laboratories, Inc. (Erfinder: Borchert, P.J.) Belg.P. 623 696 ausg. 14/2. 1963., A.Prior. 16/10 1961. - Ref. C.A.(M.) 59. 11644g (1963)

Hydrolyse von Dialdehydstärke in Salzsäure. Hasegawa, T. J.chem. Soc.Japan, Ind.Chem.Sect. 66.809-12 (1963) - Ref. C. 1966. 21-2590.

Dialdehydstärke. Inaba, A. Chem.and chem.Ind. 14. Nr. 6. 579-82 (1963) - Ref. J.Chem.(russ.) 1963. 23 R305.

α-1,4-Glucosane. 18.Mitt. Die Perjodatoxydation des Amylopektins. Manners, D.J. und Mercer, G.A. J.chem.Soc. (London) 1963. 4317-22. - Ref. Stärke 16. 173 (1964). C.A. 59. 12892h (1963) C. 1965. 36-1076.

Ein Beitrag zur Theorie der Perjodatoxydation von Stärke. Mejzler, D., Schmorak, J. und Lewin, M. J.appl.Polymer Sci. 7. 1557-63 (1963) - Ref. C. 1964. 31-1024. C.A. 59. 5355b (1963)

Bestimmung von Chrom und Blei in perjodsauren Lösungen und Dialdehydstärke. Black, L.T., Lancaster, E.B. und Maister, H.G. Cereal Chem. 40. 66-71 (1963) - Ref. C.A. 59. 5354h (1963) C. 1964.1-3079.

Elektrolytisch regenerierte Perjodsäure zur Oxydation von Stärke zu Dialdehydstärke. Ramaswamy, R., Venkatachalapathy, M.S. und Udupa, H.V.K. Indian J.Technol. 1. 115-19 (1963) - Ref. C. 1964. 2674.

Studien über Derivate der Dialdehydstärke. 1.Mitt. Machida, S., Inano, M. und Iida, Y. J.Japanese Tappi 16. 191-94 (1962)

Allylierte Dialdehydstärken für Überzüge. United States Dept.of Agriculture (Erfinder: Gugliemelli, L.A., Mayer, G.L. und Russell, C.R.) A.P. 3 063 855 ausg. 13/11. 1962., - Ref. C.A. (M.) 58. 5874g (1963) Ref. J.Chem.(russ.) 1964. 19 R287

Verfahren zur Mikrobestimmung der Ameisensäure in Perjodatoxydationsgemischen. Rammler, D.H. und Rabinowitz, J.C. Analyt. Biochem. (New York) 4. 116-23 (1962) - Ref. Stärke 15. 194 (1963)

Hydrolyse von Dialdehydstärke. Die Bildung von Glyoxal und Erythrose in schwefelsauren Bariumsulfit-Lösungen. Wilham, C.A., McGuire, T.A., Cleve, J.W.van, Otey, F.H. und Mehltretter, C.L. Ind.Engng.Chem.,Product.Res.Development 1. Nr.1. 62-64. - Ref. C.A. 57. 11289b (1962) Stärke 15. 35 (1963) C. 1963. 5291 Ref. J.Chem.(russ.) 1962. 19 N288

"Intrinsic" Viscosität von Dialdehydstärke in alkalischem Harnstoff nach Reduktion mit Borhydrid. Schaefer, W.C., Maurice, J.J., Russell, C.R. und Rist, C.E. Cereal Chem. 39. 304-10 (1962) - Ref. C. 1963. 9144. Ref. J.Chem.(russ.) 1963. 4 R259 Stärke 16. 370 (1964)

Die Bestimmung der bei der Perjodatoxydation gebildeten Carbonylsäuren. 2.Mitt. Analyse verschiedener Carbonylsäurebildner. Juni, E. und Heym, G.A. Analyt.Biochem. (New York) 4. 159-81 (1962) - Ref. Stärke 15. 194 (1963)

Eine kolorimetrische Methode zur Bestimmung von Dialdehydstärke. Joseph, K.T. und Rajendran, K.R. Bull.centr.Leather Res.Inst. Madras (India) 8. 606-07 (1962) - Ref. C.A.(M.) 58. 3591b (1963)

Stickstoffhaltige Dialdehydstärkepolymere und deren quaternäre NH_4-Salze. Miles Laboratories, Inc. E.P. 944 459 vom 29/3. 1962., ausg. 11/12. 1963. A.Prior. 29/3. 1961. - Ref. C. 1965. 37-3118.

Die Bestimmung der bei der Perjodatoxydation gebildeten Carbonylsäuren. 1.Mitt. Untersuchungsmethodik. Juni, E. und Heym, G.A. Analyt.Biochem. (New York) 4. 143-58 (1962) - Ref. Stärke 15. 194 (1963)

Polymere Produkte aus der Reaktion von Dialdehyd-Stärken mit Chlor in Methanol. Herstellung und Eigenschaften. Schaefer, W.C., Russell, C.R. und Rist, C.E. Cereal Chem. 39. Nr. 1. 1-15 (1962) - Ref. C. 1963. 11066. Ref. J.Chem.(russ.) 1963. 1 R294. Stärke 15. 271 (1963)

Heterofunktionelle Derivate von Dialdehyd-Stärken zum Schlichten von Papier und Textilien. U.S.Dept. of Agriculture (Erfinder: Schaefer, W.C. und Russell, C.R.) A.P. 3 033 851 vom 18/4. 1961., ausg. 8/5. 1962 - Ref. C.A. 57. 2484a (1962) Ref. J. Chem.(russ.) 1963. 22 R330. C. 1964. 41-2529. Stärke 16. 235 (1964)

Herstellung von löslichen Acetalen von Dialdehydpolysacchariden. Miles Laboratories, Inc. (Erfinder: Borchert, P.J. D.A.S. 1 172 656 Kl.12 o vom 30/6. 1961., ausg. 25/6. 1964. A.Prior. 1/7. 1960. - Ref. C. 1965. 16-2943. Stärke 18. 230 (1966)

Oxydation von Polysacchariden mit Perjodsäure. Miles Laboratories Inc. (Erfinder: Slager, J.E.) E.P. 943 664 vom 15/6. 1961., ausg. 4/12. 1963. A.Prior. 27/6. 1960. - Ref. C. 1965. 16-2940.

Acetale von Dialdehydsacchariden. Miles Laboratories, Inc. E.P. 948 016 vom 30/6. 1961., ausg. 29/1. 1964. A.Prior. 1/7. 1960; id.mit D.A.S. 1 172 656. - Ref. C. 1965. 32-2933.

Die Dialdehyd-Stärke, ihre Herstellung und Anwendung. Beduneau, H. Rev.produits chim. 64. 593-600 (1961) - Ref. C. 1963. 3424

Neue analytische Anwendungsmöglichkeiten der Oxydation mit Perjodat. Maros, L., Molnár-Perl, I. und Schulek, E. Acta chim. Acad.Sci.hung. 26. 467-72 (1961) - Ref. C. 1962. 15348.

Aldehydstärke. Minoura, Y. Resin Finish.Applic. 10. Nr. 1. 45-52 (1961) - Ref. Chem. J.(russ.) 1961. 19 N202

Allylierte Dialdehyd-Stärke. U.S.Dept.of Agriculture (Erfinder: Gugliemelli, L.A., Mayer, G.L. und Russell, C.R.). A.P. 3 037 018 vom 20/2. 1961., ausg. 29/5. 1962. - Ref. C.A. 57. 7504d (1962) - Ref. J.Chem.(russ.) 1963. 24 R317.

Die "Dialdehyde" der Perjodat-Oxydation von Kohlenhydraten. Guthrie, R.D. Advances Carbohydrate Chem. 16. 105-58 (1961) - Ref. C.A. 57. 9929g (1962) Stärke 14. 441 (1962)

Oxydation der Stärke zu Dialdehydstärke. Fehér, I. Bör-és Cipötech. 11. Nr.3. 65-67 (1961) - Ref. C.A. 55. 25305c (1961) C. 1962. 1857. Ref. J.Chem.(russ.) 1962. 12 N322

Oxydation der Stärke zu Dialdehydstärke. Fehér, I. Bör-és Cipötech. 11. Nr.2. 33-36 (1961) - Ref. C.A. 55. 25305a (1961) C. 1962. 1857. Ref. J.Chem.(russ.) 1962. 12 N322

Struktur, Reaktionen und anwendungstechnische Bedeutung von Aldehyd-Stärke. Borchert, P.J. Kunststoffe 51. 137-44 (1961) - Ref. C.A. 55. 15970h (1961) C. 1962. 10673. Ref. J.Chem. (russ.) 1962. 12 N323.

Die Oxydation von Stärke durch Salpetersäure. 2.Mitt. Perjodatoxydation der oxydierten Stärken. Imai, Y. J.pharmac.Soc. (Japan) 81. 1115-18 (1961) - Ref. C.A. 56. 1656c (1962)

Alkali-Empfindlichkeit von Polysacchariden: Periodat-Stärken, Periodat-Dextran und einem Polygalacturonid. Launer, H.F. und Tomimatsu, Y. J.org.Chemistry 26. 541-45 (1961) - Ref. C.A. 56. 10257e (1962)

Dialdehydstärke. Eigenschaften, Darstellung und technische Perspektiven. Tegge, G. Stärke 12. 321-27 (1960) - Ref. C. 1961. 9627. C.A. 55. 5000a (1961) Ref. J.Chem.(russ.) 1961. 12 N419

Allylierte Dialdehyd-Stärke. U.S.Dept.of Agriculture (Erfinder: Gugliemelli, L.A.,Mayer, G.L. und Russell, C.R. A.P. 3 032 550 vom 11/2. 1960., ausg. 1/5. 1962. - Ref. C.A. 57. 6194h (1962) Ref.J.Chem.(russ.) 1964. 4 R355.

Zwei-Stufen-Verfahren zur Herstellung von Dialdehydstärke unter Anwendung der elektrolytischen Regeneration von Perjodsäure. Pfeifer, V.F., Sohns, V.E., Conway, H.F., Lancaster, E.B., Dabic, S. und Griffin, E.L.jr. Ind.Engng.Chem. 52. 201-06 (1960) - Ref. Stärke 13. 60 (1961) C. 1961. 17779. C.A. 56. 3710f (1962)

Oxydation von Polysacchariden mit Perjodsäure. Miles Laboratories, Inc. (Erfinder: Slager, J.E.) A.P. 3 086 969 vom 27/6. 1960., ausg. 23/4. 1963. id.mit Ind.P.76951. - Ref. C. 1965. 16-2940.

Unlöslichmachen von Stärke mittels Dialdehyd-Polysacchariden. Miles Laboratories Inc. (Erfinder: Zienty, M.F.) A.P. 3 145 116 vom 7/7. 1960., ausg. 18/8. 1964.

Verfahren zur Herstellung von Diharnstoff-2,3-dialdehydstärke-Additionsprodukten. Miles Laboratories Inc. (Erfinder:Borchert P.J.) D.A.S. 1 177 128 Kl.12o vom 24/9. 1959., ausg. 3/9. 1964. A.Prior. 6/10. 1958 u. 3/11. 1958. - Ref. Stärke 18. 230 (1966)

Lösungseigenschaften von Dialdehydstärke. Levine, S., Griffin, H.L. und Senti, F.R. J.Polymer.Sci. 35. 31-42 (1959) - Ref. C. 1960. 7874 C.A. 53. 11865g (1959)

Herstellung von Dialdehyd-Stärke. Conway, H.F. und Sohns, V.E. Ind.Engng. Chem. 51. 637-38 (1959) - Ref. C. 1960. 6687. Stärke 12. 281 (1960)

Verfahren zur Herstellung von Derivaten der 2,3-Dialdehydstärke. Miles Laboratories, Inc D.A.S. 1 139 824 Kl.12o vom 18/11. 1959., ausg. 22/11. 1962. A.Prior. 28/11 1958. - Ref. Stärke 16. 33 (1964)

Dialdehyd-Stärke ist im Handel. Chem.Engng.News 1959. 28-29 - Ref. Stärke 12. 283 (1960)

Oxydation von Stärkearten durch Natriummetaperjodat. Patel, R.D. Patel, R.P. und Patel, R.S. Current Sci. 28. 13-14 (1959) - Ref. C. 1960. 7537 C.A. 53. 15610f (1959)

Alkalischer Abbau von perjodatoxydierter Stärke. Whistler, R.L., Chang, P.K. und Richards, G.N. J.Amer.chem.Soc. 81. 3133-36 (1959) - Ref. C. 1960. 6862. C.A. 54. 1330g (1960) Stärke 12. 191 (1960)

Reaktionen von perjodatoxydierten Polysacchariden mit Chlorwasserstoff in alkoholischer Lösung. Goldstein, I.J. und Smith, F. Chem.and Ind. 1958. 40-42 - Ref. C.A. 52. 9968c (1958) C. 1964. 51-0920

Dialdehydstärke-Melaminderivat. Miles Laboratories, Inc. A.P. 3 021 329 vom 28/11. 1958., ausg. 13/2. 1962. - Ref. Stärke 16. 202 (1964)

Perjodat- und hypochlorit-oxydierte Stärken. Mellies, R.L., Mehltretter, C.L. und Wolff, I.A. Ind.Engng.Chem. 50. 1311-14 (1958) - Ref. Stärke 10. 328 (1958) C. 1959. 14752. C.A. 52. 21185a (1958)

Mechanismus der Perjodatoxydation von d-Glucose. Head, F.S.H. Chem.and Ind. 1958. 360-61 - Ref. Stärke 10. 328 (1958) C. 1962. 14141

Mechanismus der Perjodat-Oxydation von Monosacchariden. Warsi, S.A. und Whelan, W.J. Chem.and Ind. 1958. 71.-Ref.Stärke 10. 265 (1958)

Die Oxydation von Monosacchariden durch Perjodat in Beziehung zur Bildung von intermediären Estern. Hough, L., Taylor, T.J., Thomas, G.H.S. und Woods, B.M. J.chem.Soc. (London) 1958. 1212-17.

Colorimetrische Methode zur Bestimmung des Dialdehyd-Gehaltes bei Perjodat-Oxyd-Stärke. Wise, C.S. und Mehltretter, C.L. Analytic.Chem. 30. 174-75 (1958) - Ref. C. 1958. 6928. C.A. 52. 7748c (1958)

Harnstoff-Dialdehydstärke-Derivate. Miles Laboratories, Inc.(Erfinder: Borchert, P.J.) A.P. 3 001 979 vom 6/10. 1958 - Ref. C.A. 56. 7414d (1962) Stärke 16. 170 (1964)

Elektrolytische Herstellung von Perjodat-Oxystärke. Mehltretter, C.L., Rankin, J.C. und Watson, P.R. Ind.Engng.Chem. 49. 350-54 (1957) - Ref. C. 1961. 12 112 C.A. 51. 10273h (1957)

Eine spektrophotometrische Methode zur Bestimmung des bei der Oxydation von Kohlenhydraten verbrauchten Perjodates. Aspinall, G.C. und Ferrier, R.J. Chem. and.Ind. 1957. 1216 - Ref. C. 1962. 17513.

Aminosäurederivate der mit Natriumperjodat oxydierten Stärke. Maekawa, K. und Ishimoto, K. J.chem.Soc. Japan, pure Chem. Sect. 78. 601-04 (1957) - Ref. C. 1959. 15066

Bestimmung von Dialdehyd-Gruppen in perjodatoxydierter Mais-Stärke. Rankin, J.C. und Mehltretter, C.L. Analytic.Chem. 28. 1012-14 (1956) - Ref. C.A. 50. 16147a (1956) C. 1957. 6854.

Die Verhältnisse bei der Perjodat-Oxydation von Stärke. Sloan, J.W., Hofreiter, B.T., Mellies, R.L. und Wolff, I.A. Ind. Engng.Chem. 48. 1165-72 (1956) - Ref.C. 1957. 8377, C.A. 51. 1633b (1957)

Perjodatoxydation von Kohlenhydraten. Bobbitt, J.M. Advances Carbohydrate Chem. 11. 1-4 (1956) - Ref. C. 1960. 7522

Schnelle Bestimmung des Gehalts an Dialdehyd in einer mit Perjodat oxydierten Stärke durch quantitativen Alkaliverbrauch. Hofreiter, B.T., Alexander, B.H. und Wolff, I.A. Analytic. Chem. 27. 1930-31 (1955) - Ref. C. 1957. 5958 C.A. 50. 8238c (1956)

Herstellung von Mesoerythrit und D-Erythrosäurelacton aus perjodatoxydierter Stärke. Jeanes, A. und Hudson, C.S. J.org. Chemistry 20. 1565-68 (1955) - Ref. C. 1957. 1943 C.A. 50 9999h (1956)

Physikalisch-chemische Studien über Stärke. II. Oxydation von Stärke mit Kalium-Metaperjodat. Anderson, D.M.W., Greenwood, C.T. und Hirst, E.L. J.chem.Soc. (London) 1955. 225-31 - Ref. C.A. 49. 10647f (1955) C. 1959. 12875

Hydrierung von Dialdehyd-Stärke zu Erythritol und Äthylenglycol. United States of America as reprsented by the Secretary of Agriculture (Erfinder: Sloan, J.W., Hofreiter, B.T., Mehltretter, C.L. und Wolff, I.A.). A.P. 2 783 283 vom 25/11. 1955., ausg. 26/2. 1957. - Ref. C.A. 51. 10568b (1957), Ref. J.Chem. (russ.) 1958. 65757, C. 1958. 8470

Hydrierung von Dialdehyd-Stärke zu Erythritol und Äthylen-Glycol. United States of America, as represented by the Secretary of Agriculture (Erfinder: Sloan, J.W. und Wolff, I.A.) A.P. 2 796 447 vom 25/3. 1955., ausg. 18/6. 1957. - Ref. C.A. 51. 13434b (1957) C. 1959. 11067.

Perjodatoxydation von Kohlehydraten im Warburg-Respirometer. Perlin, A.S. J.Amer.chem.Soc. 76. 4101-03 (1954) - Ref. Stärke 7. 12 (1955)

Elektrochemische Herstellung von Perjodat-Oxypolysacchariden. United States of America, as represented by the Secretary of Agriculture (Erfinder: Mehltretter, Ch.L.) A.P. 2 713 553 vom 23/7. 1954., ausg. 19/7. 1955. - Ref. C.A. 49. 13806b (1955)

Eigenschaften von mit Perjodat oxydierten Polysacchariden. 4.Mitt. Durch Reaktion mit Phenylhydrazin erhaltene Produkte. Barry, V.C. und Mitchell, P.W.D. J.chem.Soc. (London) 1954. 4020

Eigenschaften von mit Perjodat oxydierten Polysacchariden. 3.Mitt Bestimmung von α-Glykolgruppierungen in einem Polysaccharid. Barry, V.C., McCormick, J.E. und Mitchell, P.W.D. J.chem.Soc. (London) 1954. 3692-96. - Ref. C. 1955. 5330 Stärke 9. 210 (1957) C.A. 50. 192i (1956)

Eigenschaften von mit Perjodat oxydierten Polysacchariden. 1.Mitt Die Darstellung von stickstoffhaltigen polymeren Substanzen aus oxydierten Stärken. Barry, V.C. und Mitchell, P.W.D. J.chem.Soc.(London) 1953. 3610-12. - Ref. C. 1954. 8127 Stärke 6. 55 (1954)

Perjodat-Oxydation von Stärke. Patel, M.G. J.Indian chem.Soc., ind. News Edit. 16. 221 (1953) - Ref. C.A. 48. 14263a (1954) C. 1950/54. 6834 S Stärke 6. 310 (1954)

Eigenschaften von mit Perjodat oxydierten Polysacchariden. 2.Mitt Die Struktur einiger stickstoffhaltiger Polymerer. Barry, V.C. und Mitchell, P.W.D. J.chem.Soc.(London) 1953. 3631-35. - Ref. C. 1954. 8127, Stärke 6. 55(1954)

Die elektrolytische Herstellung von Perjodat-Oxystärke. Dvonch, W. und Mehltretter, C.L. J.Amer.chem.Soc. 74. 5522-23 (1952) - Ref. Stärke 5. 95 (1953)

Perjodatoxydation von Formiate der Stärke. Moe, O.A., Miller, S.E und Buckley, M.J. J.Amer.chem.Soc. 73. 4185-86 (1951) - Ref. Stärke 4. 15 (1952) C.A. 46. 6420d (1952) C. 1955. 3395.

Elektrolytische Oxydation von Stärke oder Cellulose mit Perjodsäure zu Oxypolysacchariden. United States of America, übert. von: Dvouch, W. und Mehltretter, Ch.L. A.P. 2 648 629 vom 6/3. 1951., ausg. 11/8. 1953. Ref. C. 1954. 4509

Anwendung der Perjodat-Oxydation auf einige Probleme der Kohlenhydratchemie. Bell, D.J. J.chem.Soc. (London) 1948. 992-96 - Ref. C. 1948. 1859

Die Reaktion zwischen mit Perjodat oxydierter Stärke und salzsäurehaltigem Methanol. Michell, J.H. und Purves, C.B. J.Amer. chem.Soc. 64. 589-93. (1942) - Ref. C. 1943. I. 512

Wahrscheinliche Struktur einer krystallinen Substanz aus mit Perjodat oxydierten Stärken. Michell, J.H. und Purves, C.B. J.Amer.chem.Soc. 64. 585-88. (1942) - Ref. C. 1943. I. 511

Isolierung einer krystallisierten Substanz aus Stärkearten durch Oxydation mit Perjodat. Grangaard, D.H., Michell, J.H. und Purves, C.B. J.Amer.chem.Soc. 61. 1290-91. (1939) - Ref. C. 1939. II. 2548

Über die bei der Oxydation von Stärke und Cellulose mit Überjodsäure entstehenden Verbindungen. Jackson, Ernest L. und Hudson, C.S. J.Amer.chem.Soc. 60. 989-91. (1938) - Ref. C. 1939. I. 129

662. Wasserstoffperoxyd-Oxydation (Auch Hydrolyse durch H_2O_2)

Kinetik der Oxydation der Stärke durch Wasserstoffsuperoxyd und Chloramin B. Hladík, V. und Švec, Z. Textil (Praha) 79. 65-68 (1964) - Ref. C. 1964. 46-2616.

Oxydation von Amylopektin mit Wasserstoffperoxyd bei verschiedenen Wasserstoffionenkonzentrationen. Whistler, R.L. und Schweiger, R. J.Amer.chem.Soc. 81. 3136-39 (1959) - Ref. C.A. 54. 1332d (1960) C. 1960. 6862. Stärke 12. 191 (1960)

Über die Einwirkung von Eisen und Wasserstoffperoxyd auf Polysaccharide. Yamafuji, K. und Urakami, M. J.Fac.Agric., (Kyushu Univ.) 9. 333-39 (1950) - Ref. C.A. 46. 11117h (1952)

Über den Einfluss von p-Aminophenol und einigen anderen Substanzen auf den Abbau von Stärke durch das Eisen-Peroxyd-System. Tanaka, Shozo J.Japan.Biochem.Soc. 22. 152-61 (1950) - Ref. C.A. 46. 2102d (1952)

Stärkepräparat. Scholten's Chemische Fabrieken, N.V.W.A., übert. von: van der Meer, W.A. Holl.P. 60 862 Kl. 89k vom 29/3. 1945 ausg. 25/3. 1948. - Ref. C. 1949. II. 1031

Die Stärkehydrolyse durch Hydroperoxyd und Ferrosulfat. Brown, W.R. J.biol.Chemistry 113. 417-25. (1936) - Ref. C. 1936. II. 89

Oxydation von Kohlehydraten, Fetten und stickstoffhaltigen Substanzen durch Wasserstoffperoxyd und Ferrisalze. Chakrabarti, Sachindra und Dhar, N.R. J.Indian chem.Soc. 6. 617-26 (1929) - Ref. C. 1930. I. 1311

Stärkehydrolyse durch Wasserstoffsuperoxyd. Sunder, C. Bull.Soc. ind.Mulhouse 90. 558-561 (1924) - Ref. C.A. 19. 745 (1925) W. Ref. 2584.

Der Mechanismus der Oxydation typischer Kohlenhydrate mit Wasserstoffsuperoxyd und unterchloriger Säure. Craik, James J.Soc. chem.Ind. 43. T.171-177 (1924) - Ref. C. 1924. II. 823 W. Ref. 1039

Wasserstoffsuperoxyd als Lösungsmittel.(Vorläufige Mitteilung.) Bamberger, M. und Nussbaum, J. Mh.Chem.(Wien) 40. 411-416 (1919) - Ref. C. 1920. III. 72, W.Ref. 1033-1034.

Einwirkung von Wasserstoffsuperoxyd und Eisenchlorid auf lösliche Stärke. Durieux, O. Bull.Soc.chim.Belgique 27. 90-97. (1913) - Ref. C. 1913. I. 1870 W.Ref. 1032.

Verzuckerung von Stärkekleister durch Wasserstoffsuperoxyd allein oder in Gegenwart von pflanzlichen und tierischen Amylasen. Gerber, C. C.R. hebd.Séances Acad.Sci. 154. 1543-1545 (1912) - Ref. C.A. 7. 91 (1912), C. 1912. II. 244, W.Ref. 1030

Bildung von Maltose auf Kosten der Stärke durch Wasserstoffsuperoxyd. Gerber, C. C.R.hebd.Séances Mem.Soc.Biol. 72. 1002-1003 (1912) - Ref. C.A. 8. 138 (1914), W.Ref. 1031.

Über die hydrolysierende Wirkung des Wasserstoffsuperoxyds. Neuberg, C. und Miura, S. Biochem.Z.36.37-43 (1911)- W.Ref. 1029.

Über die Hydrolysenprodukte der Stärke unter Einwirkung von Wasserstoffperoxyd. Gatin-Gruzewska, Z. C.R.hebd.Séances Mem. Soc.Biol. 68. 1084-1086 (1910) - W.Ref. 1028.

Katalytische Umwandlungen von Stärkekleister. Fernbach, A. und Wolff, J. 7.Int.Congr.appl.Chem.,London,Proc.,Sect. 6b. 124-128 (1909) - Ref. C.A. 4. 1822-23 (1910) W.Ref. 1027.

Vorgang der Oxydation und der Hydrolyse der Stärke und ihrer Bestandteile unter Einwirkung von Wasserstoffsuperoxyd. Gatin-Gruzewska, Z. C.R.hebd.Séances Acad.Sci. 148. 578-580 (1909) - Ref. C.A. 3. 1410 (1909), C. 1909. I. 1231, W.Ref. 573.

Wirkung des Wasserstoffsuperoxyds auf Stärke. Asboth, A.von Chemiker-Ztg. 16. 1517-1518, 1560-1561 (1892) - Ref. C. 1892. II. 867, W.Ref. 1016.

Zur Kenntnis der Einwirkung des Wasserstoffsuperoxyds auf Kohlehydrate und organische Säuren.(Auszug.) Wurster, C. Ber. dtsch.chem.Ges. 22. 145R (1889) - W.Ref. 1013.

663. Oxydation durch Halogene und Halogensäure

(Vgl.auch "Stärke und Halogene": 64)

Mit Hypochlorit oxydierte Stärke. Hullinger, C.H. in: Whistler, P.L. u.a., Methods in Carbohydrate Chem. Vol.IV., Academic Press 1964. S. 313-315.

Die Oxydation von Amylopektin mit Hypobromit bei verschiedenen Wasserstoffionen-Konzentrationen. Doane, W.M. und Whistler, R.L. Stärke 16. 177-80 (1964) - Ref. C. 1965. 12-2972. Ref. J.Chem.(russ.) 1965. 4 R330

Untersuchungen über Verflüssigung und Verzuckerung von Stärke. 3.Mitt. Verflüssigung und Verzuckerung von Batatenstärke nach Behandlung mit Natriumhypochlorit in verschiedenen Konzentrationen. Arai, K., Hanno, Y. und Suzuki, S. Rep.Food Res.Inst. (Tokyo) Nr. 17. 118-23 (1963) - Ref. C. 1965. 3-2804. Ref. J. Chem.(russ.) 1965. 22 R332.

Untersuchungen über Verflüssigung und Verzuckerung von Stärke. 2.Mitt. Verflüssigung und Verzuckerung von Batatenstärke nach Behandlung mit Bleichpulver in verschiedenen Konzentrationen. Arai, K., Hanno, Y. und Suzuki, S. Rep.Food Res.Inst. (Tokyo) Nr. 17. 112-17 (1963) - Ref. C. 1965. 3-2803. Ref. J.Chem. (russ.) 1965. 22 R331.

Über den Einfluß der Reaktionsbedingungen auf die Oxydation der Kartoffelstärke mit Hypochlorit. Potze, J. und Hiemstra, P. Stärke 15. 217-25 (1963) - Ref. J.Chem.(russ.) 1964. 5 R332 C. 1964. 24-2747.

Die chemischen und physikochemischen Eigenschaften der mit alkalischem Natrium-Hypochlorit milde oxydierten Weizenstärke. Schmorak, J. und Lewin, M. J.Polymer Sci. A1. 2601-20 (1963) - Ref. J.Chem.(russ.) 1964. 5 R341. C.A. 59. 11746a (1963) C. 1965. 24-1109.

Die Eigenschaften der mit Natrium-Hypochlorit milde oxydierten Weizen- und Wachsmaisstärken. Schmorak, J. und Lewin, M. Bull.Res.Council Israel 1962. A11. 228-29. - Ref. J.Chem. (russ.) 1963. 20 R237.

Oxydation von Weizenstärke durch Chlor. Uchino, N. und Whistler, R.L. Cereal Chem. 39. 477-82 (1962) - Ref. J.Chem.(russ.) 1963. 20 R244. C.A. 58. 7017b (1963) Stärke 15. 271 (1963)

Eine Untersuchung der milden Oxydation von Weizenstärke und Wachsmaisstärke durch Natrium-Hypochlorit im alkalischen p_H-Bereich. Schmorak, J., Mejzler, D. und Lewin, M. Stärke 14. 278-90 (1962) - Ref. C. 1963. 8779. Ref. J.Chem.(russ.) 1963. 6 R287.

Oxydation von Weizenstärke mit alkalischem Hypochlorit. Eisenbraun, A.A. und Purves, C.B. Canad.J.Chem. 39. 61-72 (1961) - Ref. Stärke 13. 274 (1961) C. 1965. 21-1149.

Eine kinetische Untersuchung der milden Oxydation von Weizenstärke durch Natriumhypochlorit im alkalischen pH-Bereich. Schmorak, J., Mejzler, D. und Lewin, M. J.Polymer Sci. 49. 203-16 (1961) - Ref. C.A. 55. 15970g (1961) C. 1962. 3840.

Darstellung und physikalische Eigenschaften von vernetzter, durch Hypochlorit oxydierter Maisstärke. Mellies, R.L., Yeates, T.E. Mehltretter, C.L. und Senti, F.R. Stärke 13. 114-16 (1961) - Ref. C.A. 55. 17055a (1961) C. 1962. 1440. Ref. J.Chem. (russ.) 1962. 3 N313.

Durch Hypochlorit oxydierte hochamylosige Stärken. Viscosimetrisches Verhalten. Mellies, R.L., Mehltretter, C.L. und Senti, F.R. J.Chem.Engng.Data 5. 169-71 (1960)-Ref. J.Chem.(russ.) 1961. Nr. 7 N347. C.A. 55. 17054i (1961) C. 1964. 1-3075.

Gemischte Kondensationsprodukte von Glucose. Tamchyna, J. und Galba, J. Tschechosl.P. 97 450 vom 21/3. 1959., ausg. Nov. 1960. - Ref. C.A.(M.) 58. 652f (1963)

Oxydation von Perjodat-oxydierter Maisstärke mit chloriger Säure. Hofreiter, B.T., Wolff, I.A. und Mehltretter, C. J.Amer.chem. Soc. 79. 6457-60 (1957) - Ref. Stärke 10. 89 (1958) C.A. 52. 5863h (1958) C. 1958. 13254.

Einige Einflüsse der Sorption von Laugen und der Chloroxydation auf die Eigenschaften einer Maisstärke. Hahn, R.R. Univ.Microfilms (Ann Arbor, Mich.) Publ.Nr. 21754 104 S. - Ref. C.A. 51. 15160b (1957)

Einfluss von Alkali-Hypochlorit auf Amylose von Maisstärke und Methyl-4-O-Methyl-D-glucopyranoside. Whistler, R.L., Linke, E.G. und Kazeniac, St. J.Amer.chem.Soc. 78. 4704-09 (1956) - Ref. C.A. 51. 3467a (1957) C. 1961. 15413.

Einfluss von Natriumhypochlorit auf die Amylose von Maisstärke. Linke, E.G. Univ.Microfilms (Ann Abor,Mich.) Publ.Nr. 16477. 52 S. - Ref. C.A. 50. 12517a (1956)

Hypochlorit-Oxydation von Stärken. 2.Mitt. Oxydationsgrad von Stärken.Patel, M.C., Mankad, B.N. und Patel, R.D. J.Indian chem.Soc.ind. News Edit. 18. 89-92 (1955) - Ref. C.A. 50. 6823c (1956) C. 1959. 646.

Hypochlorit-Oxydation von Stärken. 1.Mitt. Sauerstoffaufnahme in Abwesenheit und Gegenwart eines Katalysators unter wechselnden Bedingungen sowie Untersuchung der Eigenschaften. Patel, M.C., Mankad, B.N. und Patel, R.D. J.Indian chem.Soc.,ind. News Edit. 18. 81-88 (1955) - Ref. C.A. 50. 6823a (1956). C. 1959. 646.

Bestimmung von Carboxyl-, Aldehyd- und Keto-Gruppen in mit Hypochlorsäure erhaltenen Oxydstärken. MacKillican, M.E. und Purves, C.B. Canad.J.Chem. 32. 312-21 (1954) - Ref. C.A. 48. 9094c (1954) C. 1950/54. 3222 S.

Oxydation von Amylose mit Hypochlorit und unterchloriger Säure. Hullinger, C.H. und Whistler, R.L. Cereal Chem. 28. 153-57 (1951) - Ref. C. 1950/54. 609 S.

Über die Oxydation des Glykogens durch Brom in alkalischem Milieu Dumazert, C. und Sénèquier, R. Bull.Soc.Chim.biol. 27. 446-49 (1945) - Ref. 1946. II. 3064

Herstellung von mit Hypochloriten aufgeschlossener Stärke und/beziehungsweise/oder/Dextrin. Chemische Fabriek Servo,N.V.u. M.D. Rozenbroek, Belg.P. 444 593 vom 21/2. 1942., Auszug veröff. 7/5. 1943. Holl.Prior. 27/12. 1938. - Ref. 1943. II. 2114

Über die Oxydation des Glucosans (2-Keto-Glucose) durch Hypojodid. Myrbäck, K. Svensk kem.Tidskr. 51. 225-29 (1940)

Umgewandelte Stärke. II. Abbau von Stärken durch Hypochloritlösungen. Jambuserwala, G.B. und Kanitkar, K.R. J.Textile Inst. 30. Trans. 85-98 (1939) - Ref. C. 1939. II. 1412

Teilweise Oxydation von Stärke durch Brom. Kihara, Yoshijiro Bull.agric.chem.Soc.Japan 15. 107 (1939) - Ref. C. 1939. II. 2385

Stärkeoxydation durch Brom in Anwendung auf gelatinierte Maisstärke. Felton, George. Farley, F.F. und Hixon, R.M. Cereal Chem. 15. 678-89 (1938) - Ref. C. 1939. I. 544

Studien über Pflanzenkolloide. 43. Einfluss von Chlordioxyd auf den Chemismus der Kartoffel- und Weizenstärke. Samec, M. Kolloid-Beih. 43. 287-94. (1936) - Ref. C. 1936. I. 4688

Über den oxydativen Abbau der Stärke mit Brom in alkalischer Lösung. Hönig, M. und Ruziczka, W. Biochem.Z. 218. 397-401 (1930) - Ref. C. 1930. I. 3031

Aktivin, eine neue Form künstlichen Chlors. Frère, J. Rev.Produits chim. 27. 721-724 (1924) - Ref. W. 1040.

Zur Kenntnis pflanzlicher Inkrusten. 1. Methode zur Reindarstellung pflanzlicher Skelletsubstanzen. Schmidt, E. und Graumann, E. Ber.dtsch.chem.Ges. 54. 1860-1873 (1921) - W.Ref. 1036.

Verhalten der Kohlehydrate gegen Hypochlorite. Bräutigam, W. Pharmaz.Ztg. 46. 636-638 (1901) - W.Ref. 81.

Über die Oxydationsproducte des Amylums und Paramylums mit Brom, Wasser und Silberoxyd. Habermann, J. Ann.Chem.Pharmaz. 172. 11-15 (1874) - W.Ref. 1011.

664. Oxydation durch Chromsäure

Bestimmung von Carboxyl- Aldehyd- und Ketongruppen in Chromtrioxyd-Oxystärken. Ellington, A.C. und Purves, C.B. Canad. J. Chem. 31. 801-13 (1953) - Ref. Stärke 6. 75 (1954) C.A. 48. 3051d (1954)

Reaktionsprodukt von Stärke mit Chromtrioxyd als Korrosions-Hemmstoff in Wassersystemen. Shell Development Co. (Martin, A.E. und Eberman, J.W.) A.P. 2 658 817 vom 10/4. 1950., ausg. 10/11. 1953. - Ref. C.A. 48. 5066d (1954)

Anwendung der Oxydation mit Chromsäure auf einige Alkohole. Semichon, Lucien und Flanzy, Michel C.R.Acad.Sci. 195. 254-56 (1932) - Ref. C. 1932. II. 3859

Amylum, Amylodextrine und Erythrodextrine in ihrem Verhalten gegen Chromsäure. Harz, C.O. Beih.bot.Zbl. 19. 45 (1906)

Amylum, Amylodextrin und Erythrodextrin in ihrem Verhalten gegen Chromsäure.(Auszug.) Härz, E. Wschr.Brauerei 22. 721-722 (1905) - W. Ref. 1025.

Die Chemie der Pflanzenfasern, Cellulosen, Oxycellulosen, Lignocellulosen. Cross, Ch.F., Bevan, E.J. und Beadle, C. Ber. dtsch.chem.Ges. 26. 2520-2533 (1893) - Ref.W.Ref. 1018.

Über die Einwirkung der Chromsäure auf Stärke. Weiss, A. und Wiesner, J. Bot.Z. 24. 97 (1866)

665. Sonstige Oxydationsmittel

Die Einwirkung von Salzen auf Stärke und die Oxydation der Stärke durch Eisenchlorid. Knjaginitschew, M.I. und Bolchowitina, Ju. R. Hochschulnachr.,Nahrungsmittel-Technol. 1964. (russ.) Nr.4. 47-48 - Ref. Stärke 17. 98 (1965) Ref. J.Chem.(russ.) 1965. 5 R402.

Die Oxydation von Maisstärke mit Ozon. Szymanski, C.D. J.appl. Polymer Sci. 6. 1597-1606 (1964) - Ref. Stärke 18. 30 (1966)

Oxydation von Maisstärke mit Kaliumpermanganat. Yeates, T.E., Babcock, G.E. und Mehltretter, C.L. Cereal Chem. 40. 684-93 (1963) - Ref. Stärke 16. 342 (1964) C. 1965. 5-2934 Ref. J. Chem.(russ.) 1965. 1 R230

Oxydationen mit Sauerstoff und Platin-Katalysatoren in der Kohlehydrat-Chemie. Heyns, K. Stärke 13. 207-14 (1961) - Ref. J. Chem.(russ.) 1962. 7 N315.

Die Oxydation von Stärke durch Salpetersäure. 4.Mitt. Bildung von Glucuronsäure durch die Alkali-Behandlung von oxydierter Stärke. Imai, Y. und Owari, S. J.pharmac.Soc.(Japan) 81. 1221-25 (1961) - Ref. C.A. 56. 10259d (1962)

Die Oxydation von Stärke durch Salpetersäure. 3.Mitt. Reduktionsprodukt von oxydierter Stärke. Imai, Y. und Hirasaka, Y. J. pharmac.Soc.(Japan) 81. 1362-66 (1961) - Ref. C.A. 56. 10259b (1962)

Anwendung von Hydrol. 3.Mitt. Gewinnung von Calciumgluconat durch elektrolytische Oxydation von Hydrol. Kiyooka, S. und Kobori, T. J.agric.chem.Soc.Japan 34. 262-67 (1960) - Ref. J.Chem. (russ.) 1961. 17 N316 , C.A. 54. 17927c (1960).

Anwendung von Hydrol. 2.Mitt. Gewinnung von D-Zuckersäure durch Oxydation mit Salpetersäure. 2. Kiyooka, S. J.agric.chem.Soc. Japan 34. 173-77 (1960) - Ref. C.A. 54. 17927c (1960)

Anwendung von Hydrol. 1.Mitt. Gewinnung von D-Zuckersäure durch Oxydation mit Salpetersäure. 1. Kiyooka, S. J.agric.chem.Soc. Japan 34. 170-73 (1960) - Ref. C.A. 54. 17927b (1960) C. 1961. 16649.

Einfluss des p_H-Wertes auf die Oxydation der Kartoffelstärke durch Kaliumpermanganat. Suzuki, H., Tamura, M. und Taketomi, N. J.chem.Soc.Japan,Ind.Chem.Sect. 61. 1008-11 (1958) - Ref. C. 1959. 17535

Verfahren zur Oxydation von hochmolekularen Kohlenhydraten mittels Salpetersäure. Nederlandse Organisatie voor Toegepast-Naturwetenschappelijk Onderzoek ten behoeve van Nijverheid, Handel en Verkeer (Erfinder: Nieuwenhuis, K.J.) D.B.P. 930 388 Kl.12o vom 27/10. 1951., ausg. 14/7. 1955. H.Prior vom 28/10. 1950. - Ref. Stärke 7. 249 (1955)

Die Einwirkung von Stickstoffdioxyd auf Maisstärke und ihre Fraktionen. Kerr, Ralph W. J.Amer.chem.Soc. 72. 816-20 (1950) - Ref. C. 1950. II. 2442

Die Oxydation von rohen Stärkekörnern durch Elektrolyse in alkalischer Natriumchloridlösung. Farley, F.F. und Hixon, R.M. Ind.Engng.Chem.,ind.Edit. 34. 677-81 (1942) - Ref. C. 1946. I. 1877

Herstellung von geruch-und geschmacklosen Umwandlungsprodukten aus Kartoffelstärke. Deutsche Maizena Gesllschaft m.b.H. F.P. 844 571 vom 10/10. 1938, ausg. 27/7. 1939. D.Prior. 29/ 10. 1937. - Ref. C. 1939. II. 3894

Herstellung von geruch- und geschmacklosen Umwandlungsprodukten aus Kartoffelstärke. Deutsche Maizena Gesellschaft m.b.H. F.P. 844 572 vom 10/10. 1938., ausg. 27/7. 1939. D.Prior. 29/10. 1937 - Ref. C. 1939. II. 3894

Die alkalische Permanganatoxydation organischer Substanzen in Beziehung zur chemischen Kostitution der Kohle. Randall, R.B., Benger, M. und Grooocock, C.M. Proc.Roy.Soc. (London). Ser. A 165. 432-52 (1938) - Ref. C. 1939. I. 911

Der Mechanismus der Kohlenhydratoxydation. XVIII. Die Oxydation einiger Zucker mit Silberoxyd in Gegenwart von Kaliumhydroxyd. Busch, K.G., Clark, J.W., Genung, L.B., Schroeder, E.F. und Evans, W.L. J.org.Chemistry 1. 1-16 (1936) - Ref. C. 1936. II. 4123

Studien zur Verwendung von Rohrzucker und Stärke. I. Die Oxydation von Rohrzucker und Stärke mit Salpetersäure. Hachihama, Yoshikazu und Fujita, Hideo J.Soc.chem.Ind.,Japan (Suppl.) 38. 744 B-45 B. (1935) - Ref. C. 1936. I. 2746.

Die photochemische Oxydation von Salzen einiger organischer Säuren, Lecithin, Cholesterin und einiger Nahrungsmittel durch Luft. Palit, C.C. und Dhar, N.R. J.physical.Chem. 34. 993-1005. (1930) - Ref. C. 1930. II. 2612

Oxydation von Kohlehydraten, Fetten und stickstoffhaltigen Verbindungen durch Luft unter der Einwirkung von Sonnenlicht. Palit, C.C. und Dhar, N.R. J.physic.Chem. 32. 1263-68 (1928) - Ref. C. 1928. II. 2549

Synthese eines stickstoffhaltigen Körpers aus Pflanzen, der Cyanwasserstoffsäure, durch Oxydation von Ammoniak und Kohlenhydraten, Glycerin oder Aldehyd. Fosse, R. C.R.hebd.Séances Mem.Soc.Biol. 86. 175-178 (1922) - W.Ref. 1037.

Über die Verbreitung der Aldehydbildung durch Kaliumpermanganat. Salkowski, E. Biochem.Z. 67. 349-56 (1914) - Ref. C. 1915. I. 707

Über einige Mineralverbindungen die die Rolle der Malzdiastase spielen können. Wolff, J. C.R.hebd.Séances Acad.Sci. 141. 1046-1048 (1905) - Ref. C. 1906. I. 229, W.Ref. 1026

Über die Einwirkung von Kaliumpermanganat auf Stärke. Lintner, C.J. Z.angew.Chem. 3. 546-548 (1890) - Ref. C. 1890. II. 690 W. Ref. 1014.

Über das Verhalten des übermangansauren Kali's zu einigen organischen Körpern. Langbein, G. Pharma.Z.Russland 7. 573-579 (1868) - W.Ref. 1010.

666. Untersuchung von Oxystärken

Die Bestimmung von oxydierten Stärken. Fraser, J.R. und Holmes, D.C. Analyst 85. 150-51 (1960) - Ref. C. 1960. 9331. C.A. 54. 18203c (1960) Ref. J.Chem.(russ.) 1961. 2 N305. Stärke 13. 92 (1961)

Bestimmung der Carbonylgruppen in oxydierter Cellulose. Ströle,U. Makromolekulare Chem. 20. 19-36 (1956) - Ref. C. 1957. 5442

Bestimmung des Carboxylgehaltes oxydierter Stärken. Mattisson, M.F. und Legendre, K.A. Analytic.Chem. 24. 1942-44 (1952) - Ref. C. 1956. 3441.

Blaufärbung von Stärke. Turner, N.C. Science (Washington) 108. 302 (1948) - Ref. C.A. 42. 9214 (1948)

Ein Beitrag zur Kenntnis von durch Oxydation veränderter Stärke. Krajčinović, M. Arch.Kemiju 19. 104-109 (1947)

Beiträge zur Kenntnis der oxydierten Stärke. Müller, Fritz Helv. chim.Acta 29. 21-26 (1946) - Ref. C. 1946. I. 738

Bestimmung von COOH-Gruppen in durch Oxydation modifizierter handelsüblicher Stärke. Elizer, L.H. Ind.Engng.Chem.,analyt. Edit. 14. 635-36 (1942) - Ref. C. 1946. II. 2485

Die jodometrische Bestimmung des Abbaues der Stärke durch Oxydation. Haller, R. und Hackl, J. Melliand Textilber. 2. 86-88 (1930)

667. Oxydationsprodukte

Herstellung kationischer Hydrazone von oxydierter Stärke. Miles Laboratories, Inc. (Erfinder: Mehltretter, C.L.) D.A.S. 1 193 930 Kl.12o vom 13/6. 1962.,ausg. 3/6. 1965. A.Prior.10/7. 1961., id.mit E.P. 941 399. - Ref. C. 1966. 6-3056.

Kaltwasserunlösliche kationische Hydrazone von oxydierter Stärke. Miles Laboratories, Inc. E.P. 941 399 vom 25/5. 1962., ausg. 13/11. 1963. A.Prior. 10/7. 1961. - Ref. C. 1965. 16-2941.

Die Oxydation von Stärke durch Salpetersäure. 1.Mitt. Bildung von Glucuron-Säure und die Entstehung von CO_2 während der Säurehydrolysenbehandlung von oxydierten Stärken. Imai, Y. J.pharmac. Soc. (Japan) 81. 1109-15 (1961) - Ref. C.A. 56. 1656a (1962)

Synthese von Polyglucuroniden durch Oxydation von Stärke. Kozai, Y., Horiguchi, N., Mizuno, T. und Nozu, R. Chem.High Polymers (Japan) 17. 461-64 (1960) - Ref. C.A. 55. 21631d (1961) Ref. J.Chem.(russ.) 1961. 10 N321. Stärke 14. 299 (1962) C. 1964. 6/7-1005.

Thiosemicarbazone der Oxydationsprodukte von Mono-,Di-,Tri-,Tetra-, Penta- und Hexasacchariden. Lasdon Foundation, Inc (Erfinder: Barry, V.C.) A.P. 2 837 509 vom 26/5. 1953., ausg. 3/6. 1958. - Ref. C. 1959. 10010, C.A. 52. 16239a (1958).

Oxydierte Hydroxyalkyl-Stärke. Corn Products Co. (Erfinder: Hobbs, K.C.) A.P. 2 999 090 vom 10/5. 1957. ausg. 5/9. 1961. - Ref. C.A. 56. 1658c (1962)

Glucuronolacton aus Stärke. Nitta, Y., Nakajima, H., Shihota, J., Shirase, A. und Ando, N. Japan.P. 9247 ('57) ausg. 30/10. 1957. - Ref. C.A. 52. 15572g (1958)

Formazane von oxydierten Polysacchariden. Mester, L. und Major, A. Chem.and Ind. 1957. 469. - Ref. C. 1961. 11739. C.A. 51. 12833a (1957)

Oxal- und Weinsäure. Makay, N. A.P. 2 813 121 vom 8/3. 1956., ausg. 12/11. 1957. - Ref. C. 1959. 2615.

Polyalkohole aus oxydierter Stärke. Chem.Engng.News 1955. 4159 - Ref. Stärke 10. 62 (1958)

Oxydative Umwandlungen an Kohlenhydraten. 7.Mitt. Synthese von d-Glucuronsäure über Carboxylstärke. Heyns, K. und Graefe, G. Chem.Ber. 86. 646-50 (1953) - Ref. C. 1955. 3385 C.A. 49. 8121h (1955)

Über d-Glucuronsäure und ihre Darstellung aus Stärke. Graefe, G. Stärke 5. 205-09 (1953) - Ref. C. 1956. 11862.

Thermische Decarboxylierung von Uronsäuren. Perlin, A.S. Canad. J.Chem. 30. 278-90 (1952) - Ref. C. 1953. 870

Herstellung von Uronsäuren, besonders Glucuronsäure. Deutsche Maizena-Werke GmbH. (Erfinder: Graefe,Gerd) D.B.P. 849 692 Kl. 12o vom 21/6. 1951., ausg. 18/9. 1952. - Ref. C. 1953. 770

Über die Darstellung von Glucuronsäure und Glucuron. Serchi, G. und Arcangeli, L. Sperimentale,Sez.chim.biol. 2. 108-19 (1951) - Ref. C. 1953. 2263

Darstellung von Gemischen organischer Säuren aus Kohlenhydraten und kohlenhydrathaltigen Materialien. Chemische Fabrik Gedeon Richter Akt.-Ges., D.R.P. 544 693 Kl.12 o vom 19/3. 1930., ausg. 20/2. 1932. Ung.Prior. 23/3. 1929 u. 21/2. 1930. - Ref. C. 1932. I. 2894

Herstellung von Zuckersäure und Weinsäure durch Oxydation von Kohlenhydraten. Diamalt-Akt.-Ges. übert.von: Ludwig Graf und Ernst Jacoby. Can.P. 233 734 vom 25/8. 1917., ausg. 21/8. 1923. Oe.P. 89 263 vom 14/12. 1916., ausg. 25/8. 1922. - Ref. C. 1924. I. 2204

Herstellung von Weinsteinsäure im Grossen aus Stärkemehl oder seinen Abkömmlingen. Naquet, I.A. Z.Spiritusind. 15. 233 (1892)

Über ein Oxydationsprodukt der Stärke. Petit, P. C.R.hebd.Séances Acad.Sci. 114. 1375-1377 (1892) - Ref. C. 1892. II. 164, W.Ref. 1017.

67. Stärke und Proteine und sonstige N-Verbindungen

- 671. Stärke-Protein
- 672. Kohlenhydrate und Aminosäuren (Maillard-Reaktion)
- 673. Verschiedene N-haltige Stärkeverbindungen

671. Stärke-Protein

(Auch Glykogen - Protein)

Die Wechselwirkung Protein-Carbohydrat. 2.Mitt. Untersuchung der Inhibition der Wechselwirkung Concanavalin A-Polysaccharid. Goldstein, I.J., Hollerman, C.E. und Smith, E.E. Biochemistry 4. 876-83 (1965) - Ref. Stärke 18. 301 (1966)

Protein-Kohlenhydrat-Wechselwirkung. Die Wechselwirkung von Polysacchariden mit Concanavalin A. Goldstein, I.J., Hollerman, C.E. und Merrick, J.M. Biochim.biophysica Acta (Amsterdam) 97. Nr.1. 68-76 (1965) - Ref. C.A. 62. 6708c (1965) C. 1966. 5-1079

Kohlenhydrate und Protein. Heard, C.R.C. Proc.Nutrit.Soc. 23 110-19 (1964)

Bindung der Kohlenhydratkomponente in Proteinen. Micheel, F., Ostmann, E.-A. und Pielmeier, G. Tetrahedron Letters (London) 1963. 115-19. - Ref. C. 1966. 15-1123

Das Kohlenhydrat des Ovomucoids. Isolierung der Glykopeptide und die Kohlenhydrat-Protein-Bindung. Montgomery, R. und Wu, Ya-Chen J.biol.Chemistry 238. 3547-54 (1963) - Ref. C. 1964. 39-1312.

Synthetische Darstellung von Modellen für Kohlenhydrat-Eiweiss-Verbindungen. Micheel, F. und Hülsman, H.L. Chem.Ber. 13-18 (1960) - Ref. C. 1961. 864

Untersuchung der Reaktion von Getreideeiweißstoffen mit Kohlenhydraten. Kogan, Je.A. Biochemie (russ.) 24. 210-214 (1959) - Ref. C. 1959. 14779 Stärke 12. 344 (1960)

Eigenschaft von Lysolecithin in Reiskörnern. 2.Mitt. Komplexbildung von Lysolecithin mit Stärke. Nakamura, A., Shimuzu, R., Kōno, T. und Funahashi, S. Bull.agric.chem.Soc.Japan 22. 324-29 (1958) - Ref. Stärke 12. 222 (1960) C.A. 53. 10404i (1959)

Untersuchungen über die Bildung von Wasserstoffbindungen. 7.Mitt. Reaktion zwischen Kohlenhydraten und Proteinen in Wasser und ihre Beziehung zum Transport von Kohlenhydraten durch Erythrocytenmembranen. Bruce, I.C.L., Giles, C.H. und Jain, S.K. J.chem.Soc.(London) 1958. 1610-13 - Ref. C. 1959. 536

Eiweiss-Kohlenhydrat-Komplex. Bettelheim-Jevons, F.R. Advances Protein Chem. 13. 35-105 (1958) - Ref. C. 1960. 15455

Schnellsedimentation von Proteinen durch Stärke. Anderson, N.G. Nature (London) 181. 45-46 (1958) - Ref. C.A. 52. 12047d (1958) C. 1959. 3163

Wechselwirkung zwischen Proteinen und Polysacchariden von Weizenmehl. Udy, Doyle C. Cereal Chem. 34. 37-46 (1957) - Ref. C. 1958. 286.

D-Glucosederivate von Proteinen. Micheel, F. und Klemer, A. Chem. Ber. 89. 1238-42 (1956) - Ref. C. 1961. 7249.

Wechselwirkungen zwischen Proteinen und Hochpolymeren. Noguchi, H. Biochim.biophysica Acta(Amsterdam) 22. 459-62 (1956) - Ref. C. 1957. 13069

Der Einfluss der Struktur verschiedener Polysaccharide pflanzlicher und tierischer Herkunft auf ihre Fähigkeit, mit Proteinen Komplexe zu bilden. Rosenfeld, Je.L. und Plyschewskaja, Je.G. Biochemie (russ.) 19. 161-66 (1954) - Ref. C. 1955. 3397

Synthetische Kohlenhydrat-Eiweißverbindungen. Micheel, F. J.Polymer Sci 12. 577-81 (1954) - Ref. C. 1956. 9197

Herstellung einer komplexen Gold-Stärke-Pepton-Verbindung. Schwarzmann, Alois, Basel Schweiz. Schwz.P. 227 456 vom 20/5. 1939., ausg. 1/9. 1943. - Ref. C. 1944. II. 674

Die Veränderung der Fähigkeit der Kartoffelstärke und des Amylopektins zur Bildung von Kolloidverbindungen mit Eiweisskörpern in Abhängigkeit von der Dauer der Aufbewahrung der Kartoffeln. Markewitsch, I. und Cholodowa, M. Colloid J.(russ.) 4. 387-99 (1938) - Ref. C. 1939. I. 5063

Ultrazentrifugenuntersuchungen an Verbindungen von Proteinen mit Polysacchariden. Verbindungen zwischen Proteinen und Glykogen. Mystkowski, E.M. Biochem. J. 31. 716-20 (1937) - Ref. C. 1937. II. 1583

Koacervierung von Amylophosphorsäure und Proteinen.Kotes, P. J. physic.Chem. 40. 1191-1200 (1936) - Ref. C.A. 31. 2494 (1937) C. 1938. I. 1318

Untersuchungen über Polysaccharoproteide. XII. Allgemeine Schlussfolgerungen. Przylecki, St.J. Sprawozdania Posiedzeń Towarzystwa Naukowego Warszawskiego IV. 29. 30-33 (1936) (C.R. Séances Cl.IV.Soc.Sci Lettres Varsovie) - Ref. C. 1937. II. 411

Untersuchungen über Polysaccharoproteide. X. Rolle der einzelnen Aminosäuren und Schlußbetrachtungen. Przylecki, St.J.v., Kasprzyk, K. und Rafalowska, H. Biochem.Z, 286. 360-72 (1936) - Ref. C. 1936. II. 2923

Über chemische Gruppen der Proteine, die Affinitäten zu Polysacchariden besitzen. VIII. Rolle des Oxyprolins, Histidins und Lysins. IX. Rolle der Bindegruppe CONH. Przylecki, St.J.v.; Cichocka, J. und Rafalowska, H. Biochem.Z. 284. 169-76 (1936) - Ref. C. 1936. I. 4447

Untersuchungen über Polysaccharoproteide. XI. Rafalowska, H. und Przylecky, St.J. Sprawozdania Posiedzen Towarzystwa Naukowego Warszawaskiego. IV. 29. 29 (1936) (C.R.Séances Cl.IV. Soc. Sci. Lettres Varsovie) C. 1937. II. 411

Verbindungen von Serumproteinen mit Polysacchariden. Janicki, Józef und Kasprzyk, Krystyna Biochem. J. 30. 1526-31 (1936) - Ref. C. 1936. II. 2924

Über Symplexe aus Lecithin und Polysaccharid. Przylecki, St.J.v. und Majmin, R. Biochem.Z. 280. 413-15 (1935) - Ref. C. 1936. I. 1434

Über Sole von Polysaccharoproteiden. Przylecki, St.J.v., Andrzeijewski, H. u. Mystkowski, E. Kolloid-Z. 71. 325-33. (1935) - Ref. C. 1935. II. 2344

Über chemische Gruppen der Proteine, die Affinitäten zu Polysacchariden besitzen. IV. Rolle des Tyrosins. Przylecki, St.J.v. und Rafalowska, H. Biochem.Z. 280. 92-96 (1935) - Ref. C. 1936. I. 1434

Studien über Pflanzenkolloide. XI. Über die Reaktion der Stärke mit Eiweißkörpern. Samec, M. Kon.Akad.Wetensch.Amsterdam. Proc. 38. 63-74. (1935) - Ref. C. 1935. I. 2829

Über den Glykogenzustand im Zellinnern. I.Mitt. Über Dreikomponentensymplexe aus Clupein, Nucleinsäure, Glykogen oder Dextrin. Przylecki, St.J.v.; Giedroyć, W. und Rafalowska, H. Biochem.Z. 280. 2869-92 (1935) - Ref. C. 1936. I. 1433

Polysacch[illegible]olupeine. Przylecki, St.J.v. und Majmin, R. Biochem. Z. 277. 420-23 (1935) - Ref. C. 1935. II. 1188

Verbindungen zwischen Amylophophorsäure und Proteinen und ihre Beziehung zum Problem des Amylopektins. Koets, P. Kon.Akad. Wetensch.Amsterdam,Proc. 38. 63-74 (1935) - Ref. C. 1935. I. 2830

Über die Verbindung Myosin-Polysaccharid. III. Teil der Untersuchungen über Polysaccharoproteide. Przylecki, St.J.v. und Majmin, R. Biochem.Z. 273. 262-72. (1934) - Ref. C. 1935. I. 2388

Über Polysaccharoproteide. II. Verbindungen mit denaturierten Proteinen. Przylecki, St.J.v. und Majmin, R. Biochem.Z. 271. 168-73. (1934) - Ref. C. 1935. I. 2388

Über Verbindungen zwischen Glykogen und anderen Zellbestandteilen. Przylecki, St.J.v. Congr.int.Quim.pura apl. 9. V. 266-74 (1934) - Ref. C. 1937. II. 411

Studien über Pflanzenkolloide. XL. Über die Reaktion der Stärke mit Eiweißkörpern. Samec, M. Kolloid-Beih. 40. 449-57 (1934) - Ref. C. 1935. I. 2829.

Untersuchung über die Bindung der Biokolloide. XX.Mitt. Eiweißkörper und Krystalloide. Grynberg,M.D. Biochem.Z. 262. 272-79 (1933) - Ref. C. 1935. I. 1719

Untersuchung über die Bindung der Biokolloide. XIX.Mitt. Über Polyosoproteide (Polysaccharoproteide). Przylecki, St.J.v., Mystkowski, E. und Niklewski, B, Biochem.Z. 262. 260-71. (1933) - Ref. C. 1935. I. 1719

Über Verbindungen zwischen Proteinen, Polysacchariden und Nucleinsäuren. XVII. Teil der Untersuchungen über die Bindung der Biokolloide. Przylecki, St.J.v. und Grynberg, M.D. Biochem. Z. 260. 395-402. (1933) - Ref. C. 1935. I. 1718

Untersuchungen über die Bindung der Biokolloide. IV.Teil. Bindungen zwischen Amylopektin und Eiweißkörpern oder ihren Abkömmlingen. Przylecki, St.J.v. und Dobrowolska, S. Biochem.Z. 245. 388-407 (1932) - Ref. C. 1933. I. 788

Untersuchungen über die Bindung der Biokolloide. IX.Mitt. Stärke und verschiedene Eiweißkörper. Bartuszek, St. Biochem.Z. 253. 279-87 (1932) - Ref. C. 1935. I. 1399

Kolloidchemische Reaktionen zwischen Solen von Eiweißkörpern und polymeren Kohlenhydraten. II. Ostwald, Wo. und Hertel, R.H. Kolloid-Z. 47. 357-70. (1929) - Ref. C. 1929. II. 533

Kolloidchemische Reaktionen zwischen Solen von Eiweißkörpern und polymeren Kohlehydraten. I. Ostwald, Wo und Hertel, R.H. Kolloid-Z. 47. 258-68. (1929) - Ref. C. 1929. I. 2515

Zur allgemeinen Chemie der Kolloid-Kolloidreaktionen. I.Mitt. Versuche mit Farbstoffsolen und Eiweißkörpern. Pauli, Wolfgang und Weiss, Ernst Biochem.Z. 203. 103-41 (1928) - Ref. C. 1929. I. 2735

Die Natur der Reaktion zwischen Gerbstoff und Kohlenhydraten. Stocks, H.B. und Greenwood, C.V. J.int.Soc.Leather Trades Chemists 10. 404-09 (1926) - Ref. C. 1927. I. 3237.

Stalagmometrische Studien an krystalloiden und kolloiden Lösungen. VIII. Über einige Komplexe von Eiweiß und Stärke mit anderen Kolloiden. Berczeller, L. Biochem.Z. 66. 207-17. (1914) - Ref. C. 1915. I. 265 W. Ref. 1255

Über den angeblichen Einfluß der Eiweißstoffe auf Stärke und Glykogen. Starke, J. Arch.Physiol.norm.pathol.(Paris) 27. 455-462 (1895) - Ref. C. 1895. II. 1049, W.Ref. 701.

Stärke und Albumin. Rother, S. Pharmac.J.Trans. 3. Ser.3; 644 (1872-73) - W. Ref. 1197

Dialytische Lösung von Casein und Amylum. Müller, A. J.prakt. Chem. 103. 49-51 (1868) - Ref. C. 1868. 1055, W.Ref. 1137.

672. Kohlenhydrate und Aminosäuren (Maillard-Reaktion)
(Auch Bräunung von Zuckerlösungen)

Die Bräunungsreaktion. Holtermand, A.- Stärke 18. 319-28 (1966)

Aminoderivate der Stärke. 6.Mitt. Derivate von 3,6-Diamino-3,6-dideoxy-D-altrose. Wolfrom, M.L., Hung, Yen-Lung und Horton, D. J.org.Chemistry 30. 3394-3400 (1965) - Ref. Stärke 18. 301 (1966)

Aminoderivate der Stärke. 2,6-Diamino-2,6-dideoxy-D-mannosedihydrochlorid. Wolfrom, M.L., Chakravartky, P. und Horton, D. J.org.Chemistry 30. 2728-31 (1965) - Ref. Stärke 18. 301 (1966) C.A. 63. 13378d (1965)

Beitrag zur Untersuchung gewisser stickstoffhaltiger Derivate des Polyvinylalkohols und der Stärke. Merle, Y. J.Rech.Centre nat.Rech.sci. 1960. 91-115. - Ref. C. 1963. 21569.

Die Bindung von markierten Aminosäuren durch Präparate von Eiweißstoffen und Nucleinsäuren. Ssamarina, O.P., Sbarski, I.B. und Perewoschtschikowa, K.A. Biochemie (russ.) 25. 443-51 (1960) - Ref. C. 1961. 3342

Der Einfluß von Zeit, Temperatur und pH auf den Verlauf der Reaktion einiger Aminosäuren mit Glucose. Nikonorow, M. und Przybińska-Karpińska, H. Roczniki Państwowego Zakladu Higieny 11. 23-32 (1960)

Nicht-enzymatische Bräunung von Glucose-Sirup. Schachtel, R., Braverman, J.B.S. und Groag, W. Bull.Res.Council Israel C 7. Nr. 1. 37-50 (1959) - Ref. J.Chem.(russ.) 1960. Nr. 75070 C. 1962. 11401

Bräunung von Zuckerlösungen. 3.Mitt. Einfluss des p_H's auf die Farbbildung in verdünnten Glucoselösungen, die Aminosäuren enthalten, deren Aminogruppen sich im Molekül in verschiedenen Stellungen befinden. Underwood, J.C., Lento, H.G. und Willits, C.O. Food Res. 24. 181-84 (1959)

Bräunen von Zuckerlösungen. 2.Mitt. Einfluss der Stellung der Aminogruppe im Säuremolekül in verdünnten Glucoselösungen. Lento, H.G., Underwood, J.C. und Willits, C.O. Food Res. 23. 68-71 (1958) - Ref. C. 1959. 2983

Bräunen von Zuckerlösungen. 1.Mitt. Einfluss des pH und der in verdünnten Zuckerlösungen enthaltenden Aminosäuren. Willits, C.O., Underwood, J.C., Lento jr., H.G. und Ricciuti, C. Food Res. 23. 61-67 (1958) - Ref. C. 1959. 2983.

Analytische und chromatographische Studien zur "Maillard-Reaktion". 5.Mitt.Das Verhalten von Glucosamin sowie Acetylglucosamin gegenüber Ammoniak, Aminen und Aminosäuren. Täufel, K., Romminger, K. und Rudolph, I. Ernährungsforschung 3. 373-85 (1958) - Ref. Stärke 11. 337 (1959)

Stickstoff enthaltende, nicht gelierende verätherte Stärke. Corn Products Co. (Erfinder: Paschall, E.F.) E.P. 854 161 vom 13/12. 1956., ausg. 16/11. 1960. - Ref. C. 1963. 22930.

Über nichtenzymatische Bräunungsreaktionen und ihre physiologischen Folgen. 1.Mitt. Cremer,H.D. und Menden, E. Z.Lebensmittel-Unters. u. -Forsch. 104. 33-43 (1956) - Ref. Stärke 9. 15 (1957)

Analytische und chromatographische Studien zur "Maillard-Reaktion". 3.Mitt. Reaktion zwischen reduzierenden Sacchariden und primären Aminen. Täufel, K., Iwainsky, H. und Bergner, H. Ernährungsforschung 1. 714-26 (1956)

Analytische und chromatographische Studien zur "Maillard-Reaktion". 2.Mitt. Zur Reaktion zwischen reduzierenden Sacchariden und Ammoniak. Täufel, K., Iwainsky, H. und Bergner, H. Ernährungsforschung 1. 704-13 (1956)

Der Chemismus der Bräunungsreaktion in Modellversuchen. Hodge, J.E. J.agric.Food Chem. 1. 928-43 (1953) - Ref. Stärke 6. 197 (1954)

Analytische und chromatographische Studien zur "Maillard-Reaktion". Täufel, K. und Iwainsky, H. Biochem.Z. 323. 299-308 (1952)

Über die Reaktion zwischen Aminosäuren und Kohlenhydraten. Boretti, G. Chim. e Ind. (Milano) 26. 31-33 (1944) - Ref. C. 1945. II. 22

673. Verschiedene N-haltige Stärkeverbindungen

(Vgl.auch "N enthaltende Äther": 6113, "Salpetersäureester": 631, "Einschlußverbindungen": 681)

Die Bildung stickstoffhaltiger Verbindungen in der "Moto-mash" (starter) von Sake. 2.Mitt. Über die Reisprotein-Körner mit einer Stärkegelschicht. Takeuchi, I. und Shimada, K. J.agric. chem.Soc.Japan 39. Nr.3. 83-88 (1965) -Ref.C.A. 63. 18989b (1965).

Darstellung von vernetzten Aminoderivaten der Stärke mittels eines Bis-Epoxiamins. Kinetische Untersuchung und Anionenaustauscher-Eigenschaften. Bruneau, C.-M. und Cognard, P. C.R. hebd.Séances Acad.Sci. 263. 5108-10 (1965) - Ref. Stärke 18. 88 (1966)

Methylolstärke-Propionamid. Corn Products Co. (Erfinder: Paschall E.F., Thayer, F.D.jr. und Minkema, W.H.) A.P. 3 101 330 ausg. 20/8. 1963. - Ref. C.A.(M.) 59. 15469a (1963)

Wirkung der Amid- und Triazin-substituierten Stärken mit Polyaldehyden. Corn Products Co. (Erfinder: Thayer, F.D.jr.) A.P. 3 127 393 vom 13/3. 1961., ausg. 31/3. 1964. - Ref. C.A.(M.) 61. 7234f (1964)

Aminoalkyl-Äther der Stärke. Hercules Powder Co. (Erfinder: Harris, G.C. und Leonard, R.A.) A.P. 3 070 594 ausg. 25/12. 1962. - Ref. C.A.(M.) 58. 11460f (1963) Ref. J.Chem.(russ.) 1964. 20 R294 C. 1965. 36-2976.

Verfahren zur Herstellung von Acrylamidylderivaten von Dialdehydpolysacchariden. Miles Laboratories, Inc. D.A.S. 1 173 078 Kl.12o vom 26/4. 1961., ausg. 2/7. 1964. A.Prior. 6/5. 1960. - Ref. Stärke 18. 230 (1966)

Über die Wechselwirkung zwischen quaternären Ammoniumverbindungen und Stärke. Fishman, M.M. und Miller, R.S. J.Colloid Sci. 15. 232-35 (1960) - Ref. C. 1963. 20057.

Reaktion von Stärke mit N,N'-Methylenebisacrylamid. Union Starch & Refining Co.,Inc. (Erfinder: Trimmell, D., Patel, C.P. und Johnston, J.F.). A.P. 3 035 045 vom 31/8. 1959., ausg. 15/5. 1962. - Ref. C.A. 57. 6194g (1962) Ref. J.Chem.(russ.) 1963. 21 R287. Stärke 16. 236 (1964)

Herstellung von wasserlöslichen Stärkederivaten durch Reaktion mit Acrylonitril. Sakaguchi, Y. J.Soc.Textile Cellulose Ind. (Japan) 14. 818-21 (1958) - Ref. C.A. 53. 1795i (1959) C. 1960 16616

Herstellung von aminierten Polyvinylalkohol- und Stärkederivaten. Merle, Y. C.R.hebd.Séances Acad.Sci. 246. 1425-29 (1958) - Ref. Stärke 11. 213 (1959) C.A. 52. 14533b (1958) C. 1961. 14307.

Schaumbildende Substanzen bei der Kondensation von Stärkeabbauprodukten mit Aminen und Aminosäuren. Goguadse, W.P. und Jashwili, G.M. J.angew.Chem.(russ.) 30. 618-23 (1957) - Ref. C.A. 51. 14302h (1957) C. 1961. 14137.

Herstellung von stickstoffhaltigen Stärkederivaten. Corn Products Co. A.P. 2 935 509 vom 21/8. 1956., ausg 3/5. 1960. - Ref. Stärke 14. 186 (1962) Ref. J.Chem.(russ.) 1961. 13 N469. C. 1961. 7813

Danstellung von Thionsäurephenylhydrazidderivaten von Polysacchariden. Mester, L. und Moczár, E. Chem.and Ind. 1956. 874 - Ref. C. 1958. 7487 Stärke 10. 63 (1958) C.A. 51. 4288g (1957)

Stickstoff enthaltende Stärkederivate. Corn Products Co.(Erfinder: Paschall, E.F.) A.P. 2 894 944 vom 14/11. 1956., ausg. 14/7. 1959. - Ref. C.A. 54. 2794f (1960) C. 1960. 7367. Stärke. 13. 348 (1961)

Die Einwirkung von Äthylenimin auf Stärke. Kerr, R.W. und Neukom, H. Stärke 4. 255-257 (1952) - Ref. C. 1953. 4616.

Kupferammoniak-Glykosid-Komplexe. Reeves, R.E. Advances Carbohydrate Chem. 6. 107-34 (1951)

Sulfonate und Aminoderivate aus Stärke. Imperial Chemical Industries Ltd. u. Albert Aubrey Houghton, E.P. 493 513 vom 5/4. 1937., ausg. 3/11. 1938. - Ref. C. 1939. I. 3098

Aminocellulose und Aminostärke. Pancirolli, F. Boll.Reparto Fibre tessili.vegetali R.Staz.sperim. Ind.Carta Fibre tessili vegetali. 32. 314-16 (1937) - Ref. C. 1937. II. 4391

Das Verhalten von Inulin in flüssigem Ammoniak. Bergstrom, F.W. und Gilmore, A.E. J.Amer chem.Soc. 59. 1356-58 (1937) - Ref. C. 1937. II. 3752

Dextrinoguanidin. Przylecki, St.J.v. und Rafalowska, H. Biochem. Z. 277. 424-25 (1935) - Ref. C. 1935. II. 1188

68. Sonstige Stärkereaktionen

681. Einschlussverbindungen
682. Pfropfcopolymere
683. Kondensationsprodukte, Kunstmassen
684. Verschiedene Reaktionen

681. Einschlußverbindungen

(Auch Additionsverbindungen, Komplexverbindungen, Inklusion, Bindung organischer Lösungsmittel)

Verbesserung der Reaktionsfähigkeit mit Pyridin. Hodge, J.E. in: Whistler, R.L. u.a., Methods in Carbohydrate Chem. Vol. IV., Academic Press 1964. S. 281-282

Verbesserung der Reaktionsfähigkeit mit flüssigem Ammoniak. Hodge, J.E. in: Whistler, R.L. u.a., Methods in Carbohydrate Chem. Vol. IV., Academic Press 1964. S. 279-281

Untersuchung der Dichte-Änderungen der Cellulose bei der Inkludation. Ussmanow, Ch.U., Jultschibajewa, Ss.G. und Bojewa, A. Usbek.chem.J.(russ.) 8. Nr.3. 69-73 (1964) - Ref. C. 1965. 23-1086.

Einkapselnde Agenzien auf Stärkebasis mit kontrollierbarem Wasserabstoßungsvermögen. National Starch and Chemical Corp. and Firmenich Inc. (Erfinder: Wurzburg, O.B., Herbst, W. und Cole, H.M.) A.P. 3 091 567 ausg. 28/5. 1963. - Ref. C.A.(M.) 59. 5357a (1963)

Untersuchung der Jod-Amylose-Einschlußverbindung. Szejtli, J. Periodica polytechn.(Budapest)chem.Ingenieurwes. 7. 259-88 (1963) - Ref. Stärke 16. 403 (1964) C.A. 62. 6785e (1965) C. 1965. 12-2969

Destillierte Monoglyceride zur Schaumbildung für Nahrungsmittel und für die Stärkekomplexbildung. Brokaw, G.Y. Canad.Food Ind. 33. Nr.4. 36-39 (1962) - Ref. C.A. 57. 6376c (1962)

Die Assoziation von α- und β-Cyclodextrinen mit organischen Säuren. Schlenk, H. und Sand, D.M. J.Amer.chem.Soc. 83. 2312-20 (1961) - Ref. C. 1962. 9747.

Über Einschlußverbindungen. 16.Mitt. Stereospezifische Reaktionen mit Einschlußverbindungen. Cramer, F. und Dietsche, W. Chem.Ber. 92. 1739-47 (1959)

Über Einschlußverbindungen. 15.Mitt. Spaltung von Racematen mit Cyclodextrinen. Cramer, F. und Dietsche, W. Chem.Ber. 92. 378-84 (1959) - Ref. C. 1960. 1116. C.A. 53. 11245h (1959)

Über die Inklusion organischer Lösungsmittel durch Stärke. Schierbaum, F. Nahrung 3. 102-16 (1959) - Ref. C. 1960. 13550. C.A. 54. 3781h (1960) Stärke 12. 90 (1960) Ref. J.Chem.(russ.) 1960. 36578.

Über das Verhalten von Stärke gegenüber organischen Lösungsmitteln. Ulmann, M. und Schierbaum, F. Stärke 11. 203-13 (1959) - Ref. C. 1960. 6351. C.A. 58. 3590b (1963)

Zur Bindung organischer Lösungsmittel durch Kartoffelstärke. Ulmann, M. und Schierbaum, F. Kolloid-Z. 156. 156-57 (1958) - Ref. Stärke 10. 89 (1958) C.A. 52. 9711d (1958) C. 1963. 16382.

Asymetrische Katalyse durch Inclusionsverbindungen. Cramer, F. und Dietsche, W. Chem.and Ind. 1958. 892-93. - Ref. C.A. 53. 12195i (1959)

Einschluß-Katalysen der Cyclodextrine als Modellreaktionen zum Wirkungsmechanismus der Apofermente. Dietsche, W. Dissertation, Heidelberg 1958. 61 S.

Cyclisation von langkettigen Dithiolen. Versuche zur Darstellung sich umfassender Ringe mit Hilfe von Einschlußverbindungen Lüttringhaus, A., Cramer, F., Prinzbach, H. und Henglein, F.M. Liebigs Ann.Chem. 613. 185-98 (1958)

Über organische Katalysatoren. 52.Mitt. Einschlußkatalysen mit Amylose und mit Gallensäuren. Langenbeck, W. und Koch, Reinhard Hoppe-Seyler's Z.physiol.Chem. 311. 6-12 (1958) - Ref. Stärke 10. 265 (1958) C.A. 52. 18373c (1958)

Sorption von Dämpfen organischer Lösungsmittel an Weizenmehl bei 27°. Bushuk, W. und Winkler, C.A. Cereal Chem. 34. 87-93 (1957) - Ref. C. 1958. 3186

Makromolekulare Substanzen abgeleitet von Einschlußverbindungen. Lautsch, W., Wiechert, R., Gnichtel, H., Schuchardt, G., Kraege, H.J., Singewald, C., Broser, W., Becker, H., Rauhut, H. und Grimm, W. Österr.Chemiker-Ztg. 58. 33-39 (1957) - Ref. C.A. 51. 14556f (1957) C. 1959. 2824.

Über Einschlußverbindungen. 12.Mitt. Verbindungen von α-Cyclodextrin mit Gasen. Cramer, F. und Henglein, F.M. Chem.Ber. 90. 2572-75 (1957) - Ref. C. 1958. 11250

Über Einschlußverbindungen. 11.Mitt. Gesetzmässigkeiten bei der Bildung von Addukten der Cyclodextrine. Cramer, F. und Henglein, F.M. Chem.Ber. 90. 2561-71 (1957) - Ref. C. 1958. 11249

Über Polydextrine. 27.Mitt. Über Fermentmodelle. Lautsch, W. und Wiechert, R. Kolloid-Z. 153. 103-09 (1957) - Ref. C. 1959. 7817.

Herstellung von wasserlöslichen Stärke-Bisulfit-Additionsverbindungen. United States of America, übert.von: Mehltretter, Ch. L., Cleve, J.W.V. und Watson, P.R. A.P. 2 880 236 vom 20/11. 1956., ausg. 31/3. 1959. - Ref. C. 1960. 5343 Stärke 13. 348 (1961) C.A. 53. 12720c (1959)

Einschlußverbindungen der Cyclodextrine unter besonderer Berücksichtigung der blauen Jodverbindungen. Cramer, F. Recueil Trav.chim.Pays-Bas 75. 891-901 (1956) - Ref. C. 1957. 10433 C.A. 51. 1047c (1957)

Einschlußverbindungen der Cyclodextrine mit Gasen. Cramer, F. und Henglein, F.M. Angew.Chem. 68. 649 (1956) - Ref. C. 1957. 2139

Stärke und Vanillin. Rutgers, R. J.Sci.Food Agric. 6. 735-38 (1955) - Ref. C. 1958. 6117. C.A. 50. 6078b (1956)

Einschlußverbindungen. Cramer, F. Angew.Chem. 68. 115-20 (1956) - Ref. C. 1956. 6914

Über Einschlußverbindungen. 3.Mitt. Zur Struktur der Jodketten in Kanal-Einschlußverbindungen. Dietrich, H.v. und Cramer, F. Chem.Ber. 87. 806-17 (1954) - Ref. Stärke 6. 261 (1954) C. 1955. 2161

Cyclodextrineinschlußverbindungen in Lösung. Broser, W. Z.Naturforsch. 8 b. 722-29 (1953) - Ref. C. 1955. 9765

Einschlußverbindungen und Verbindungen mit Einschlußbezirken in Lösung. Broser, W. und Lautsch, W. Z.Naturforsch. 8 b. 711-22 (1953) - Ref. C. 1955. 9764

Gleichgewicht und Bildungswärme der Einschlußverbindung aus ß-Dextrin und Kristallviolett in wässeriger Lösung. Broser, W. und Lautsch, W. Naturwissenschaften 40. 220-21 (1953) - Ref. C. 1954. 8589

Schaumflotation von Eisenerzen - Adsorption von Stärkeprodukten und von Laurylamin-Acetaten. Schulz, N.F. und Strathmore, R.B. Ind.Engng.Chem. 45. 2767-72 (1953) C.A. 48. 4392h (1954) C. 1950/54. 4443 S.

Über Einschlußverbindungen. 6.Mitt. Änderung der Redoxpotentiale in Einschlußverbindungen. Cramer, F. Chem.Ber. 86. 1582-85 (1953) - Ref. C. 1954. 7847

Über Einschlußverbindungen. 5.Mitt. Basenkatalyse durch innermolekulare Hohlräume. Cramer, F. Chem.Ber. 86. 1576-81 (1953) - Ref. C. 1954. 7846

Über Einschlußverbindungen. 4.Mitt. Die Hemmung der Glykosidspaltung durch Cyclodextrin. Cramer, Friedrich Liebigs Ann.Chem. 579. 17-22 (1953) Angw.Chem. 64. 437 (1952) - Ref. Stärke 5. 163 (1953) C. 1954. 7846.

Einschlußverbindungen. 3.Mitt. Cramer, F. Angew.Chem. 64. 437-47 (1952) - Ref. C. 1953. 4350

Herstellung von Komplexverbindungen der Stärke. Keever Starch Co. übert.von: K.M.Garer. A.P. 2 735 821 vom 8/7. 1952., ausg. 21/2. 1956. - Ref. C. 1957. 3411 C.A. 50. 9046d (1956)

Über Einschlußverbindungen. 2.Mitt. Die blauen Jodadditionsverbindungen organischer Moleküle. Cramer, Friedrich Chem.Ber. 84. 855-59 (1951) - Ref. C. 1952. 3165

Über Einschlußverbindungen. 1.Mitt. Additionsverbindungen der Cycloamylosen. Cramer, Friedrich Chem.Ber. 84. 851-54 (1951) - Ref. C. 1952. 3164

Gefärbte Einschlußverbindungen. Cramer, Friedrich Naturwissenschaften 38. 188 (1951) - Ref. C. 1952. 3165

Einschlußverbindungen physiologisch wirksamer organischer Verbindungen. Knoll Akt.-Ges.Chemische Fabriken (Erfinder: Freudenberg, K., Plieninger, H. und Cramer, F.) D.B.P. 895 769 Kl. 12o vom 26/8. 1951., ausg. 5/11. 1953. - Ref. C. 1955. 10817

Komplexbildung zwischen Stärke und organischen Molekülen. Bear, Richard S. J.Amer.chem.Soc. 66. 2122-23 (1944) - Ref. C. 1946. II. 1123

Über die Bindung bestimmter reduzierender Zucker an verschiedene Stärkearten. Leulier, A. und Coeur, A. J.Pharmaz.Chim.(8) 27. (130) 241-47 - Ref. C. 1939. I. 3894

Adsorption von Säuren durch Kohlenhydrate. Robinson, F. Proc. Cambridge philos.Soc. 15. 548-558 (1910) - Ref. C.A. 5. 476 (1911), W.Ref. 738.

682. Pfropfcopolymere

(Vgl.auch "Sonstige organische Stärkederivate": 617)

Copolymerisation von Methylmethacrylat mit gesättigten Estern von Stärke in Kornform. Brockway, C.E. J.Polymer Sci.,Part A 3. 1031-36 (1965) - Ref. C.A. 62. 13363a (1965)

Über die Wirksamkeit und Häufigkeit des Pfropfens von Methylmethacrylat auf gekörnte Stärke. Brockway, C.E. J.Polymer.Sci. Part A 2. 3721-31 (1964) - Ref. C. 1965. 18-1128.

Herstellung von Pfropfpolymeren von synthetischen Polyaminosäuren auf natürlichen Polyhydroxyverbindungen. Zilkha, A. und Avni, Y. Israel.P. 19 380 vom 10/6. 1963., ausg. 21/10. 1965 - Ref. Stärke 18. 300 (1966)

Pfropfcopolymerisation von Acrylamid auf Amylose durch Vorbestrahlung an der Luft. Mishina, A. J.agric.chem.Soc.Japan 37. 46-48 (1963) - Ref. C.A. 63. 4503f (1965)

Methode zur Untersuchung von Kohlenhydrat-Pfropf-Copolymeren. Glaudemans, C.P.J. und Passaglia, E. J.Polymer Sci.,Part C 1963. Nr.2. 189-97. - Ref. C. 1964. 20-1024.

Neue Produkte aus Weizenmehl und Weizenstärke. Thewlis, B.H. J. appl.Chem. 13. 249-53 (1963) - Ref. C. 1964. 30-1021. C.A. 59. 5317f (1963) Ref. J.Chem.(russ.) 1964. 16 R340.

Pfropfung von Polymethylmethacrylat auf körnige Maisstärke. Brockway, C.E. und Moser, K.B. J.Polymer Sci.,Part A 1. 1025-39 (1963) - Ref. C. 1964. 28-1034. C.A. 58. 11562h (1963)

Synthese und Untersuchung von Pfropf-Copolymeren von Stärke und Vinyl-Monomeren. 1.Mitt. Copolymerisation von Stärke und Styren. Solomko, W.P., Uskow, I.O. und Galina, A.O. Nachr.Kiewer Univ.(ukrain.) 1962. Nr.5. Ser.phys.Chem.Nr.2. 106-10 - Ref. C.A. 62. 10654c (1965)

Synthese neuer Derivate der Cellulose und anderer Polysaccharide. 20.Mitt. Synthese von Graftcopolymeren von Cellulose und Polyönanthamid. 105.Mitt. Über die Untersuchung der Struktur und Eigenschaften der Cellulose und ihrer Derivate. Tun, Ss. und Rogowin, S.A. Hochmolekulare Verbind.(russ.) 4. 714-19 (1962) - Ref. C. 1964. 14-0997.

Pfropf-Copolymere von Weizenstärke. Walrath, R.L., Reyes, Z. und Russell, C.R. Advances Chem.Ser. 34. 87-95 (1962) - Ref. C.A. 57. 12773d (1962) C. 1964. 5-0966

Vinylpolymerisation. 64.Mitt. Pfropf-Copolymerisation von Vinylmonomeren auf Stärke. Kimura, S., Takitani, T. und Imoto, M. Bull.chem.Soc.Japan 35. 2012-19 (1962) - Ref. C.A.(M.) 58. 8124e (1963)

Stärke-Polyacrylamid-Pfropfungen mit der Kugelmühle. Whistler, R. L. und Goatley, J.L. J.Polymer Sci. 62. S 123-S 25 (1962) - Ref. C. 1963. 14337.

Durch γ-Strahlung induzierte Pfropfcopolymerisation von Acetylamylose mit Styrol in N,N-Dimethylformamid. Mishina, A. J. agric.chem.Soc.Japan 35. 915-20 (1961)-Ref.C. 1966. 19-1101.

Verfahren zur Herstellung von modifizierter granulierter Stärke durch Pfropfpolymerisation. Staley,A.E. Mfg.Co Belg.P. 588 491 vom 10/3. 1960., ausg. 12/9. 1960. A.Prior. 13/3. 1959 - Ref. Stärke 14. 383 (1962)

Pfropfpolymere der Stärke. A.E.Staley Mfg.Co. (Erfinder: Brockway, C.E., Estes, R.R. und Smith, D.R.). F.P. 1 256 152 vom 2/3. 1960., ausg. 21/6. 1961. A.Prior. 13/3. 1959., id.mit E. P. 869 501 - Ref. C. 1966. 8-2814.

Löslichkeit einiger Pfropfcopolymerer. Koslow, P.W., Iowlewa, M. M., Chakimowa, A.Ch., Sesin, A. und Kluschina, A. Hochmolekulare Verbind.(russ.) 2. 1580-85 (1960) - Ref. Stärke 13. 275 (1961)

Einige Eigenschaften von Pfropfcopolymeren aus Stärke und Methylmethacrylat. Kargin, W.A., Plate, N.A. und Rehbinder, E.P. Hochmol.Verbindungen (russ.) 1. 1547-51 (1959) - Ref. C.A. 54. 11524c (1960) Stärke 12. 224 (1960) C. 1960. 12017.

Gewinnung und Untersuchung der Eigenschaften gepfropfter Copolymerer auf Grundlage von Stärke und Styrol. Kargin, W.A., Koslow, P.W., Plate, N.A. und Konorewa, I.I. Hochmolekulare Verb. (russ.) 1. 114-22 (1959)

Wasserlösliche Pfropfpolymerisate. Burrows, H.G., Sweeney, T., Todd, St.M. und Imperial Chemical Industries Ltd. E.P. 871 192 vom 2/5. 1958., ausg. 21/6. 1961. -Ref.C. 1963. 11841.

683. Kondensationsprodukte, Kunstmassen

Schaumplaste. Scientific-Research Institute for Synthetic Resins, Vladimir (Erfinder: Michanow, S.A. und Tarakanowa, E.E.). UdSSR.P. 168 871 vom 8/4. 1963., ausg. 26/2. 1965. - Ref. C.A. 63. 765b (1965)

Feste Urethan-Schäume aus Glycosid-Polyäthern. Otey, F.H., Zagoren, B.L. und Mehltretter, C.L. Ind.Engng.Chem. Prod.Res.Develop. 2. 256-59 (1963) - Ref. C.A.(M.) 59. 15441f (1963)

Die Unlösbarmachung von Stärken mit Dialdehyd-Polysacchariden. Miles Laboratories, Inc. E.P. 927 448 ausg. 29/5. 1963., A. Prior. 7/7. 1960. - Ref. C.A.(M.) 59 4157a (1963) C. 1965. 16-2936.

Die Polymerisation von Styrol in Polymeren. Asahi Chemical Industry Co.,Ltd. (Erfinder: Sakamoto, M., Akiyama, Y. und Oozono, M.). Japan.P. 17 384 ('62) ausg. 25/10. 1962. - Ref. C.A.(M.) 59. 10287b (1963)

Warmhärtende Harze auf Kohlenhydratgrundlage. Woodhead, J.S. und Worthington, J.E. A.P. 3 046 146 vom 24/7. 1962., E.Prior. 12/6. 1958. - Ref. C.A. 57. 12718h (1962)

Ein Verfahren zur Gewinnung von Kondensationsprodukten von Polysacchariden. Tamchyna, J., Dobrotka, J u. David, F. Tschechosl.P. 101 792 ausg. 15/12. 1961. - Ref. J.Chem.(russ.) 1963. 10 R294.

Stärke enthaltender elastischer Polyurethanschaum. United States Rubber Co. E.P. 858 689 ausg. 11/1. 1961. - Ref. C.A. 55. 25325c (1961)

Unlöslichmachen von natürlichen oder künstlichen Polymeren. J.P. Stevens Co.,Inc. (Erfinder: Tesoro, G.C.). A.P. 3 000 762 vom 25/8. 1960., ausg. 19/9. 1961. - Ref. C. 1963. 13008.

Verfahren zur Herstellung von elastischen Formkörpern. Phoenix Gummiwerke Aktiengesellschaft D.A.S. 1 146 249 Kl.39b vom 24/11. 1960., ausg. 28/3. 1963. - Ref. Stärke 16. 369 (1964)

Polymerisation von Acrylonitril mit Cersalzen in Gegenwart von Stärke. Vinylpolymerisation. 50.Mitt. Kimura, S. und Imoto, M. Makromolekulare Chem. 42. 140-50 (1960) - Ref. C. 1961. 11352. Stärke 13. 275 (1961)

Behandlung von Stärke. United States of America, Secretary of Agriculture (Erfinder: Senti, F.R., Mellies, R.L. und Mehltretter, C.L.). A.P. 2 989 521 vom 30/6. 1959., ausg. 20/6. 1961. - Ref. C. 1963. 15633. Ref. J.Chem.(russ.) 1962. 13 N335 C.A. 59. 3000c (1963)

Produkte aus Polyacrylonitril mit verbesserten Färbungseigenschaften. "Montecatini" Società generale per l'industria mineraria e chimica (Erfinder: Maragliano, D. und Caldo, C.). It. P. 572 919 ausg. 12/2. 1958. - Ref. C.A. 53. 15640i (1959)

An der Luft härtendes Material aus Stärke und Celluloseäthern. Eldeka, N.V. (Erfinder: Dohmen, H.) A.P. 2 835 610 ausg. 20/5. 1958. - Ref. C.A. 52. 19199c (1960)

Kondensation von Kohlenhydraten mit aromatischen Verbindungen. Universal Oil Products Co. (Erfinder: Linn, C.B.). A.P. 2 926 174 vom 18/6. 1957., ausg. 23/2. 1960. - Ref. C. 1962. 682.

Kondensation von Kohlenhydraten mit aromatischen Verbindungen. Universal Oil Products Co. (Erfinder: Linn, C.B.). A.P. 2 926 175 vom 18/6. 1957., ausg. 23/2. 1960. - Ref. C. 1962. 682.

Kondensation von Kohlenhydraten mit aromatischen Verbindungen. Unversal Oil Produkts Co. (Erfinder: Linn, C.B.). A.P. 2 926 176 vom 18/6. 1957., ausg. 23/2. 1960. - Ref. C. 1962. 682. Stärke 13. 455 (1961)

Kondensation von Kohlenhydraten mit aromatischen Verbindungen. Universal Oil Products Co. (Erfinder: Linn, C. B.) A.P. 2 926 177 vom 18/6. 1957. ,ausg. 23/2. 1960. - Ref. C. 1962. 682.

Kondensation von Kohlenhydraten mit aromatischen Verbindungen. Universal Oil Products Co. (Erfinder: Linn, C.P.). A.P. 2 926 178 vom 18/6. 1957., ausg. 23/2. 1960. - Ref. C. 1962. 682.

Kondensation von Kohlenhydraten mit aromatischen Verbindungen. Universal Oil Products Co. (Erfinder: Linn, C.B.). A.P. 2 926 180 vom 18/6. 1957., ausg. 23/2. 1960. - Ref. C. 1962. 682.

Mit Hexahydro-1,3,5-triacryloyl-s-triazin vernetzte Stärke. Chas, A.Krause Milling Co. (Erfinder: Wimmer, E.L. und Grove, E.) A.P. 2 910 467 vom 18/1. 1956., ausg. 27/10. 1959. - Ref. C.A. 54. 1906h (1960) C. 1960. 9438 Ref.J.Chem.(russ.) 1961. 4 N300.

Verfahren zur Herstellung von halogenhaltigen mehrwertigen Alkoholen durch Kondensation von Kohlenhydraten mit aromatischen Halogenkohlenwasserstoffen. Universal Oil Products Co. D.A.S. 1 055 518 Kl. 12o 5/03 vom 29/10. 1955., ausg. 23/4. 1959. Stärke 11. 371 (1959)

Verfahren zur Herstellung von mehrwertigen Alkoholen durch Kondensation von Kohlenhydraten mit Oxyarylverbindungen. Universal Oil Products Co. D.A.S. 1 055 517 Kl.12o 5/03 vom 12/12. 1955., ausg. 23/4. 1959. - Ref. Stärke 11. 371 (1959)

Verfahren zur Herstellung mehrwertiger Alkohole durch Kondensation von Kohlenhydraten mit aromatischen Alkoholen. Universal Oil Products Co. D.A.S. 1 056 112 vom 15/12. 1955., ausg. 30/4. 1959.

Verformen von Oxystärke. United States of America, Secretary of Agriculture, übert.von: Mellies, R.L. und Wolff, I.A. A.P. 2 788 546 vom 11/8. 1954., ausg. 16/4. 1957. - Ref. C. 1958. 10514, C.A. 51. 10104d (1957)

Herstellung von Kondensationsprodukten aus Stärke mit Fomaldehyd und / oder Acetaldehyd. Taeschner & Co. (Erfinder: Isecke,K.) D.B.P. 942 564 Kl.12o vom 3/12. 1952., ausg. 3/5. 1956. - Ref. C. 1957. 2873 C.A. 53. 7638h (1959)

Reaktionsprodukte von hochmolekularen Verbindungen. Farbwerke Hoechst A.-G. vorm.Meister Lucius & Brüning (Erfinder: Billig, K.) D.B.P. 887 415 ausg. 24/8. 1953. - Ref. C.A. 51. 3190d (1957)

Herstellung von Vinylharzen hoher Festigkeit. Pinel, Francois F.P. 1 078 565 vom 31/3. 1953., ausg. 19/11. 1954. - Ref. C. 1950/54. 1337 S

Über die Kondensationsprodukte von Aceton mit Formaldehyd. 2.Mitt Über das Dimethylolaceton im Kondensationsprodukt. 3.Mitt. Über die Bildung eines elastischen Stärkegels durch das Kondensationsprodukt. Koeda, K. J.Chem.Soc.Japan, pure Chem.Sect (Nippon Kagaku Zassi) 72. 1022-27 (1951) - Ref. C. 1950/54. 7939 S.

Mit Glasfasern verstärke Kunstharzformkörper. Owens-Corning Corp. Schwz.P. 283 772 vom 23/8. 1947., ausg. 16/10. 1952. A.Prior. 27/7. 1944. - Ref. C. 1953. 8754

Herstellung von Aminoplasten. Kovás, François F.P. 983 563 vom 4/2. 1949., ausg. 25/6. 1951. - Ref. C. 1952. 3255

Stärke enthaltendes Kunstharz. "L'Impregnation", übert.von Rouzet Lucien; A.P. 2 555 058 vom 5/9. 1946., ausg. 29/5. 1951. F. Prior. 24/1. 1940. - Ref. C. 1952. 3744.

Kationenaustauschmittel. McIntire, Floyd C. (übert.an: Abbot Laboratories) A.P. 2 505 561 vom 25/4. 1950. - Ref. Stärke 4. 12 (1952)

Stärke und Kunststoffe. Bus, W.C. Chem.Weekbl. 46. 89-93 (1950) - Ref. C. 1950. II. 1293.

Herstellung synthetischer Harze. Soc."L'Imprégnation" (Erfinder: Rouzet, L.) Schwed.P. 128 547 vom 24/1. 1941., ausg. 20/6. 1950.F.Prior.24/1. 1940 u.1/6. 1945.- Ref. C. 1951. I. 2817.

Kaltquellende Stärke-Aldehyd-Produkte. Scholten's Chemische Fabrieken, übert.an: Jan Lolkema u.Willem Albertus van der Meer; A.P. 2 510 748 vom 1/11. 1946., ausg. 6/6. 1950. - Ref. C. 1951. II. 1676

Herstellung einer kautschukartigen Masse aus Stärke. Rolland, Charles Fr.P. 960 229, angem. 12/1. 1948., ausg. 13/4. 1950. - Ref. Stärke 2. 305 (1950) C.A. 46.2330i (1952)

Formbare Masse aus Stärke. Staley, Mfg., A.E., übert.von: Hansen, D.W. A.P. 2 502 520 vom 21/9. 1946, ausg. 4/4. 1950. - Ref. C. 1951. I. 665.

Herstellung von Kationenaustauschern. Établissements Phillips & Pain bzw. Permutit Co.Ltd. E.L.Holmes u.L.E.Holmes. F.P. 951 629 vom 7/8. 1947., ausg. 31/10. 1949. E.Prior. 30/8. 1945 u. 4/7. 1946. - Ref. C. 1950 . II. 1885.

Pressmassen aus Stärke. Scholten's Chemische Fabrieken, N.V.W.A. F.P. 950 536 vom 30/7. 1947., ausg. 29/9. 1949. Holl.Prior. 25/1. 1946. - Ref. C. 1949. E. 3342.

Modelliermasse. McClatchey, M.R. und Goodale, E.M. A.P. 2 482 986 vom 4/9. 1947, ausg. 27/9. 1949. - Ref. C. 1949. E. 1808.

Pigment-Stärkemasse. Vanderbilt Co.,Inc.,R.T. (Erfinder: Craig, W.L.) A.P. 2 457 797 vom 16/6. 1945, ausg. 4/1. 1949. - Ref. Stärke 2. 307 (1950)

Zusatzstoff für Vinyl- und Acrylharze. Nichols jr.,Peter L. und Smith, Lee T. A.P. 2 458 191 vom 26/1. 1945., ausg. 4/1. 1949. - Ref. C. 1950. I. 2421.

Mischungen von Titandioxyd und Calcium-Stärke-Metaborat als Pigmente. Vanderbilt Co.,übert.von William L.Craig. A.P. 2 425 058., ausg. 5/8. 1947. - Ref. C. 1948. II. 133.

Herstellung schwefelhaltiger Polymerer. Pont, E.I.du, de Nemours u.Co. übert.von: Burke,William J. Marschallton, Del. A.P. 2 416 434 vom 14/10. 1944., ausg. 25/2. 1947. - Ref. C. 1947. 1124.

Härten hochmolekularer ungesättigter Verbindungen. Pont, E.I.du, de Nemours u.Co.,übert.von: Burke,W.J. Marschallton, Del., V.St.A. A.P. 2 411 954 vom 25/1. 1944., ausg. 3/12. 1946. - Ref. C. 1947. 1131.

Thermoplastische und vulkanisierbare Massen. Monier, Jean B., Galt, Ontario, Canada A.P. 2 411 666 vom 7/10. 1943., ausg. 26/11. 1946. - Ref. C. 1947. 673.

Mischung aus Aminotriazinaldehydharz und Stärke. Staley, A.E., Mfg. Co., übert.von: Hansen, Donald W. A.P. 2 408 065 vom 20/1. 1943., ausg. 24/9. 1946. - Ref. C. 1947. 667

Herstellung von harzartigen Stoffen aus Stärkeprodukten. Castagnetto, Francesco Carlo; It.P. 388 007 vom 19/2. 1941. - Ref. C, 1943. II. 78

Synthetische Harze. Soc. L'Impregnation GmbH., F.P. 865 407 vom 24/1. 1940., ausg. 23/5. 1941. - Ref. C. 1941. II. 2027

Herstellung eines Stärkeproduktes aus Kartoffelstärke. Diamalt Akt.-Ges.(Erfinder: Jülicher, W. und Appelt, Otto) D.R.P. 709 652 Kl. 89k vom 30/11. 1939., ausg. 22/8. 1941. - Ref. C. 1941. II. 2881

Schablonenmasse. Trojan Powder Co., übert.von: Snelling, W.O. A.P. 2 191 731 vom 2/7. 1938., ausg. 27/2. 1940.- Ref. C. 1942 I. 425

Herstellung von Presskörpern und Formpulvern aus Kondensationsprodukten. Linge, Roelf Adrian van E.P. 506 553 vom 27/1. 1938., ausg. 29/6. 1939. Holl.Prior. 27/1. und 11/12. 1937. - Ref. C. 1939. II. 3641

Phenolpräparate. Dow Chemical Co., übert.von: Sheldon, B. Heath, und Merlin O. Keller. A.P. 2 169 240 vom 5/10. 1937., ausg. 15/8. 1939. - Ref. C. 1940. I. 142

Herstellung von Gemischen aus pulverförmigen Stoffen und Stärkekleister. Schlatter, Albert Schwz.P. 195 575 vom 23/9. 1937. ausg. 1/11. 1938. - Ref. C. 1939. I. 3644

Formbare Massen aus Kohlehydraten der Formel $(C_6H_{15}O_5)_x$. Rosenfeld, Hermann Schwz.P. 214 187 vom 12/10. 1937, ausg. 1/7. 1941. - Ref. C. 1942. I. 3264

Kunstmasse. Scholten's Aardappel-Meelfabrieken, N.V.W.A. Holl.P. 46 185 vom 4/5. 1937., ausg. 15/7. 1939. - Ref. C. 1940. I. 142

Kunstmasse. Isaacs, Mone R., A.P. 2 127 298 vom 17/8. 1936., ausg. 16/8. 1938. - Ref. C. 1939. I. 1082

Alkalimetallsilicate. Hallock, George W. und Skinner, Ebenezer und Cardell, James A.P. 2 091 202 vom 8/8. 1935., ausg. 24/8. 1937. - Ref. C. 1938. I. 2770

Kunstmasse. Quislin, Sverre. Madison, A.P. 2 152 917 vom 7/5. 1935., ausg. 4/4. 1939. - Ref. C. 1940. I. 142

Herstellung von Aldehydkondensationsprodukten und Behandlung von Textilien mit denselben. Gesellschaft für Chemische Industrie in Basel, E.P. 466 015 vom 8/10. 1935., ausg. 17/6. 1937. - Ref. C. 1937. II. 3552

Kunstharz. Celanese Corp. of America, übert.von: Seymour, George W. A.P. 2 076 795 vom 12/7. 1933., ausg. 12/4. 1937. - Ref. C. 1937. II. 479

Gefärbte Phenolkunstharzmasse. Guadagni, Giuseppe It.P. 308 725 vom 12/8. 1932. - Ref. C. 1938. I. 3704

Herstellung eines kautschukähnlichen Materials aus Stärke. Beyer, Robert Co., übert.von:Robert Beyer A.P. 1 983 732 vom 30/1. 1931., ausg. 11/12. 1934. - Ref. C. 1935. II. 138

Erzeugung von Wassergas aus Kohlenhydraten. Petrik, Frant Chem. Obzor 6. 295-96. (1931) - Ref. C. 1932. I. 2793

Herstellung eines kautschukähnlichen Materials aus Stärke. Beyer, Robert, Co.,übert.von: Robert Beyer A.P. 1 983 731 vom 28/1. 1930., ausg. 11/12. 1934. - Ref. C. 1935. II. 138

Herstellung eines kautschukähnlichen Materials aus Stärke. Beyer, Robert Co., übert.von: Robert Beyer A.P. 1 983 730 vom 27/9. 1929., ausg. 11/12. 1934. - Ref. C. 1935. II. 137

Harze aus benzylierter Stärke. ("Benzamylonharze".) für Lacke und plastische Massen. Maxarow, B.W. und Adrianow, K.A. Plast. Massen (russ.) 1933. Nr.6 1-12. - Ref. C. 1934. II. 3055

Herstellung von Harzen aus Kohlenhydraten. Meigsoid Corp.,Jersy City,übert.von: Meigs, J.V. A.P. 1 801 052 vom 6/2, 1923., ausg. 14/4. 1931. - Ref. C. 1931. II. 1361

Herstellung eines kautschukähnlichen Materials aus Stärke. Beyer, Robert Co., übert.von: Robert Beyer A.P. 1 984 246 vom 14/12 1929., ausg. 11/12. 1934. - Ref. C. 1935. II. 138

Herstellung von harzartigen Kondensationsprodukten. Kunstharzfabrik Dr. Fritz Pollak G.m.b.H., F.P. 667 578 vom 18/1. 1929., ausg. 18/10. 1929. Oe.Prior. 1/6. 1928. - Ref. C. 1930. II. 825

Herstellung von harzartigen Kondensationsprodukten. Kunstharzfabrik Dr. Fritz Pollak G.m.b.H. E.P. 312 905 vom 13/3. 1929., ausg. 24/7. 1929. Prior. 11/6. 1928. - Ref. C. 1930. II. 825.

Herstellung plastischer Massen. "Herold" Akt.-Ges., Hamburg D.R.P. 507 997 Kl.12 o vom 24/8. 1927., ausg. 29/9. 1930. - Ref. C. 1930. II. 3343

Harzartige Kondensationsprodukte aus Phenolen. Diamond State Fibre Company,Elsmere E.P. 221 553 vom 9/6. 1923., ausg. 9/10. 1924. F.P. 567 315 vom 12/6. 1923., ausg. 29/2. 1924. - Ref. C. 1926. II. 1474

Herstellung leicht pulverisierbarer Verbindungen aus Calcium- und Strontiumhaloiden mit Stärke. Felheim, E. D.R.P. 406 820 Kl. 12 o vom 21/4. 1922., ausg. 29/11. 1924. - Ref. C. 1925. I. 1821

Harzartige Kondensationsprodukte aus Phenolen. Mc Intosh, James und Yoakle, Edwin, übert.an: The Diamond State Fibre Company. Can.P. 229 396 vom 15/9. 1922., ausg. 6/3. 1923. - Ref. C. 1924. I. 1717

In Wasser oder Lösungen von Sulfosäuren oder deren Salzen lösliche Kondensationsprodukte aus Ketonen, Oxyketonen oder Oxyaldehyden und aromatischen Oxyverbindungen, sowie deren Verwendung zum Gerben tierischer Häute. Badische Anilin-& Sodafabrik F.P. 540 495 vom 16/8. 1921., ausg. 11/7. 1922. E.P. 189 190 vom 18/8. 1921., ausg. 2/12. 1922 - Ref. C. 1924. I. 2660

Verfahren zur Herstellung elastischer Massen. Chemische Fabrik Flörsheim Dr.H.Noerdlinger D.R.P. 253 518 vom 7/8. 1910., ausg. 11/11. 1912. Zusatz zu D.R.P. 272 705.

684. Verschiedene Reaktionen

(Vgl.auch "Sonstige organische Stärkederivate": 617 "Sonstige niedere Abbauprodukte der Stärke": 692)

Entwicklung und Struktur von Carotin-Körpern in Karotten. Ben-Shaul, Y. und Klein, S. Bot.Gaz. 126. 79-85 (1965) - Ref. C.A. 63. 7345h (1965)

Ein neuer Synthese-Weg zu den Yliden-Derivaten von Kohlenhydraten Bergonzi, E., Bernetti, R., Boffi, C., Brocca, V. und Cleveland, E.A. Stärke 16. 386-390 (1964) - Ref. J.Chem.(russ.) 1965. 14 R314.

Hydroxylierung von Stärke durch Äthylenoxid. Ssudsuki, Ch., Murakami, I. und Taketomi, N. J.chem.Soc.Japan,ind.Chem.Sect. 67. 932-35, A57 (1964) - Ref. J.Chem.(russ.) 1965. 10 R362.

Polymer-Dispersionen. Vinyl Products Ltd. (Erfinder: Mayne, J.E.O., Warson, H., Levine, R.M. und South, D.S.) E.P. 932 389 vom 24/7. 1963. - Ref. C.A.(M.) 59. 10257b (1963)

Darstellung und biologische Anwendung von hochsubstituierten kationischen Derivaten von Polysacchariden. Wood, J.W. und Mora, P.T. J.Polymer Sci. Part A 1. 3511-17 (1963) - Ref. C.A (M.) 59. 15363f (1963) C. 1965. 24-1108.

Reaktion von Aldehyden mit Stärke, 2.Mitt. Kihara, Y., Kasuya, M. und Tanaka, K. J.technol.Soc.Starch (Japan) 10. 79-83 (1963) - Ref. J.Chem.(russ.) 1963. 22 R327.

Vorkommen von Calciumphosphaten in Gegenwart von organischen Substanzen, vor allem Proteinen. Visser, S.A. J.Dairy Sci. 45. 710-16 (1962) - Ref. C. 1963. 14339.

Wasserlösliche Polymere mit hoher Viscosität, abgeleitet von Hydroxystärke und Polyacrylamid. Matsutani Chemical Industry Co.,Ltd. (Erfinder: Omae, K., Norizuki, I., Ineno, M., Kondo, J. und Okane, M.). Japan.P. 29 380 ('64) vom 31/7. 1962., ausg. 17/12. 1964. - Ref. C.A. 62. 14899g (1965)

Reaktion der Aldehyde mit Stärke. Kihara, Y., Kasuya, M. und Tanaka, K. J.technol.Soc.Starch (Japan) 10. 1-6 (1962) - Ref. Stärke 16. 136 (1964) Ref. J.Chem.(russ.) 1963. 10 R286.

Hydrazinolyse von einfachen Polysacchariden. Yosizawa, Z. und Sato, T. Tohoku J.exp.Med. 76. 100-05 (1962) - Ref. C.A. 57. 10192c (1962)

Die Gewinnung von mehratomigen Alkoholen. Kinodsaka, T. und Kadsama, D. Japan.P. 7209 ('62) ausg. 5/7. 1962. - Ref. J. Chem.(russ.) 1964. 6 R364.

Vernetzen von Polysaccharidacylaten. A.E.Staley Mfg.Co. (Erfinder: Smith, C.E. und Tuschhoff, J.V.). A.P. 3 081 296 vom 12/4. 1961., ausg. 12/3. 1963. - Ref. C. 1965. 16-2944.

Die Ausnutzung von Stärke für hochmolekulare Verbindungen. Kimura, S. Kobunsi 10. 816-18 u. 827 (1961) - Ref. J.Chem.(russ.) 1962. 13 N330.

Stärke als Träger von Elektrolyten in Trockenelementen. 3.Mitt. Die Quellung von durch Epichlorhydrin vernetzten Stärken. Simdsu, T. J.Chem.Soc.Japan,ind.Chem.Sect. 64. 1241-44 (1961) - Ref. J.Chem.(russ.) 1962. 15 N288.

Wasserlösliches Kobalt-Salz und lösliche Stärke. Lloyd Brothers, Inc. (Erfinder: Klotz, L.J.). A.P. 2 968 653 vom 17/1. 1961. - Ref. C.A. 55. 8775i (1961) Stärke 14. 433 (1962) Ref. J. Chem.(russ.) 1962. 6 N352.

Weitere Untersuchungen über Stärke-Polyaldehyd-Methylacetal. Goldstein, I.J. und Smith, F. Chem.and Ind. 1961. 1081-82 - Ref. C.A. 55. 26487g (1961) Stärke 14. 189 (1962)

Stärkecarbamat und der Prozeß seiner Gewinnung. A.E.Staley Manufacturing Co. (Erfinder: Brockway, C.E. und Ready, H.R.). A.P. 3 065 223 vom 12/8. 1960., ausg. 20/11. 1962. - Ref. J. Chem.(russ.) 1965. 10 R361. C. 1966. 5-3009

Polysaccharid-Derivate von Isonikotinyl-Hydrazid. Laboratoires Francais de Therapeutique F.P. 76 455 vom 13/2. 1959., ausg. 2/2. 1962. Zus.zu F.P. 1 271 452. - Ref. C.A. 57. 16730e (1962)

Modifizierung von Stärke durch Polyborate. Corn Products Co. (Erfinder: Kerr, R.W.). A.P. 3 022 184 vom 25/8. 1959., ausg. 20/2. 1962. - Ref. C.A. 56. 15716f (1962) Ref. J.Chem.(russ.) 1963. 282. C. 1965. 32-2930.

Verfahren zur Herstellung von wasserlöslichen Polysaccharid-Abkömmlingen. N.V.W.A. Scholten's Chemische Fabrieken Belg.P. 584 901 vom 23/11. 1959., ausg. 15/12. 1959. E.Prior 24/11. 1958. - Ref. Stärke 13. 348 (1961)

Die Stöchiometrie der Chlorit-Aldehyd-Reaktionen. Launer, H.F. und Tomimatsu, Y. Analytic.Chem. 31. 1385-90 (1959) - Ref. Stärke 12. 191 (1960)

Polyglucuronid. Sugino, K., Ishikawa, T. und Fujii, T. Japan.P. 4778 ('58) ausg. 17/6. 1958. - Ref. C.A. 53. 10840i (1959) Ref. J.Chem.(russ.) 1964. 16 R341.

Der Einfluss von Jod und Wasserstoff auf Kohle, Holz und Kohlenhydrate. Geerards, J.J.Th.M., Krevelen, D.W.van und Waterman, H.I. Brennstoff-Chem. 39. Sonderausgb. 11-14 (1958) - Ref. C.A. 52. 15874e (1958)

Bor-trichlorid als abbauendes Reagens bei Kohlenhydraten und ihren Derivaten. Allen, S., Bonner, T.G., Bourne, E.J. und Saville, N.M. Chem. & Ind. 1958. 630.

Abbau von Stärke und Stärkederivaten. Corn Products Refining Co., übert.von: Hobbs, K.C., Kerr, R.W. und Kite, F.E. A.P. 2 833 759 vom 31/12. 1953., ausg. 6/5. 1958. - Ref. C.A. 52. 1405c (1958)

1-Phenyl-flavazole Derivate von Stärkedextrinen. Nordin, Philip und French, D. J.Amer.chem.Soc. 80. 1445-47 (1958) - Ref. Stärke 10. 298 (1958) C. 1959. 499.

Herstellung von Na-Stärkeglykolat. Nippon Yushi Kabushiki Kaisha (Erfinder: Hayashi, C.) Jap.A.S. 5298/1961 vom 15/9. 1956., ausg. 20/5. 1961. - Ref. C. 1963. 17153.

Eine Untersuchung des thermischen Gleichgewichts der Stärke als ein Reduktionsmittel bei der Umwandlung von Urantrioxyd zu Urantetraflourid. Briggs, G.G. U.S.Atomic Energy Comm. NLCO-682. 34 S. (1956) - Ref. C.A. 51. 17554f (1957)

Die Reaktion zwischen Concanavalin-A und Glykogen. Cifonelli, J.A Montgomery, R. und Smith, F. J.Amer.chem.Soc. 78. 2485-88 (1956) - Ref. C. 1956. 14051

Herstellung von Glyoxalderivaten der Stärke. Bozel-Maletra Soc. Industrielle de Produits Chimiques, übert.von: Lehmann, R.L. und Gandon, L. A.P. 2 867 615 vom 28/12. 1955., ausg. 6/1. 1959. F.Prior 19/10. 1955., id.mit F.P. 68 060. - Ref. C. 1961. 14522, Stärke 12. 312 (1960) C.A. 53. 12718h (1959)

Dehydratation der A-Fraktion von Stärke. Corn Products Refining Co. (Schoch, Th.J.) Canad.P. 505 459 vom 31/8. 1954. Ref. J.Chem.(russ.) 1956. Nr. 2560

Lebensmittel als Ionenaustauscher. III.Mitt. Über die Reaktion von Calciumpropionat in wässrigen Getreidestärkesuspensionen. Kiermeier, Friedrich Z.Lebensmittel-Unters.u.-Forsch. 97. 271-75 (1953) - Ref. C. 1956. 3169.

Substituierte Siliciumderivate von Stärke. Kerr. R.W. und Hobbs, K.C. Ind.Engng.Chem. 45. 2542-44 (1953) - Ref. Stärke 6. 30 (1954) C.A. 48. 3720e (1954) C. 1955. 8879.

Anwendung des Mercaptalisierungsversuchs auf synthetische Stärke. Wolfrom, M.L., Smith, C.S. und Brown, A.E. J.Amer.chem.Soc. 65. 255-59 (1943) - Ref. C. 1945. I. 903

Empfindlichkeit chemischer Reaktionen. IV. Reaktionen von organischen Verbindungen. Karaoglanov, Z. Z.analyt.Chem. 121. 92-127. 190-209. (1941) - Ref. C. 1941. II. 239

Die Hydrierung von Sacchariden. II. Yoshikawa, Kiyoshi und Nanai, Sadahiko Sci.Pap.Inst.physik.chem.Res.35. Nr. 860/871. Bull. Inst.physic.chem.Res.Abstr. 17. 62-63. (1938) - Ref. C. 1940. I. 54

Beobachtungen über die Chemie des Muskelglykogens. Young, Frank George Biochemical J. 31. 711-15 (1937) - Ref. C. 1937. II. 1037

Die Austauschreaktionen zwischen schwerem Wasser und Aminosäuren und Kohlenhydraten. Ogawa, Eijiro Bull.chem.Soc.Japan 11. 367-74. (1936) - Ref. C. 1937. I. 562

Untersuchungen über Katalyse in der präparativen organischen Chemie. Yoshikawa, Kiyoshi Sci.Pap.Inst.physic.chem.Res. Tokyo. 25. 235-301. (1934) - Ref. C. 1935. I. 2342

Einwirkung von Äthylen auf reine Stärke. Rea, Helen E. und Mullinix, R.D. J.Amer.chem.Soc. 49. 2116-17 (1927) - Ref. C. 1927. II. 1816

Experimentelle Studie über den Abbau der Stärke in Gegenwart von Speichelasche. Bachrach, E. C.R.hebd.Séances Mem.Soc.Biol. 83. 1583-1584 (1920) - Ref. C. 1921. I. 443, W.Ref. 1108.

Herstellung haltbarer Stärke - und Oxalsäurelösungen mit metallischem Quecksilber. Junk, A. Chemiker-Ztg. 43. 258. (1919) - Ref. C. 1919. IV. 245 W.Ref. 1184.

Herstellung kolloidallöslicher Fluorcalcium-Amylodextrinpräparate Lecinwerk Dr.E.Laves D.R.P. 325 561, Kl.12o, vom 12/3. 1919. Zus. zu D.R.P. 323 783.

Einwirkung einiger hydratisierenden Reagentien auf Stärke. Oechsner de Coninck, W. Bull.Cl.Sci.,Acad.roy.Belgique 1910. 586-587. - Ref. C.A. 5. 1585 (1911), C. 1910. II. 1459, W.Ref. 737.

Inversion von Stärke durch Platinschwarz. Neilson, C.H. Amer.J. Physiol. 15. 412-415 (1906) - Ref. C. 1906. I. 1152, W.Ref. 727.

Über das Mercabid $C_2Hg_6O_4H_2$. Hofmann, K.A. Ber.dtsch.chem.Ges. 33. 1328-1339 (1900) - W.Ref. 712.

Einwirkung des Chloroforms auf Stärke. Musset, F. Pharmaz.Zentralhalle Deutschland 37. 587-588 (1896) - Ref. C. 1896. II. 703, W.Ref. 704.

Über invertierende Wirkungen des Glycerins. Donath, E. J.prakt. Chem. 49. 546-548 (1894) - W.Ref. 700.

Die Einwirkung einiger Substanzen auf Dextrin. Schoor, W.K.J. Recueil Trav.chim.Pays-Bas 3. 18-19 (1884) - Ref. C. 1884. 455, W.Ref. 690.

Verhalten der Stärke gegen Glycerin. Zulkowski, K. Ber.dtsch. chem.Ges. 13. 1395-1398 (1880) - Ref. C. 1880. 613, W.Ref. 1143.

Fixierung von Stickstoff in organischen Stoffen und Bildung von Ozon unter Einfluß schwacher elektrischer Spannungen. Berthelot. Ann.Chim.Phys. 12. Sér.5; 453-462 (1877) - W.Ref. 1199.

Über das Verhalten des Kupferoxydammoniaks zur Stärke. Weiss, A. und Wiesner, J. S.-B.Akad.Wiss.Wien,math.-naturwiss.Kl.Abt. II. 46. 311-319 (1862) - W.Ref. 665.

Über das Verhalten des Kupferoxydammoniaks zur Pflanzenzellmembran, zu Stärke, Inulin, zum Zellenkern und zum Primordialschlauch. Cramer, C. J.prakt.Chem. 73. 1-18 (1858) - W.Ref. 659.

Über die Einwirkung von Zinnchlorid auf Stärke bei gewöhnlicher Temperatur. Payr, H.von. S.-B.Akad.Wiss.Wien,math.-naturwiss. Kl. 21. 269-271 (1856) - Ref. C. 1856. 858-859, W.Ref. 1130.

Über die Einwirkung des Lichts auf Jodbleistärke. Schönbein. Poggendorf's Ann.Chem.Phys. 73. 136 (1848) - W.Ref. 657.

Erwiderungen auf Berzelius's Bemerkungen über Citronensäure etc. Dumas, Peligot und Payen Ann.Pharmaz. 30. 91-105 (1839)

69. Zucker und andere Abbauprodukte der Stärke

691. Zucker, Zuckersäuren
692. Sonstige niedere Abbauprodukte der Stärke

691. Zucker, Zuckersäuren

(Auch Sorbit. Auch andere niedere Säuren)

Isomerisierung von Dextrose in Fructose durch die Alkali-Methode. 1. Mitt. Basische Bedingungen der Isomerisierung durch verschiedene Arten von alkalischen Reagenzien. Kainuma, K. und Suzuki, S. Stärke 18. 135-41 (1966).

Versuche zur Entfernung von Nickel aus Sorbitol. Hersiczky, A. Stärke 18. 249-253 (1966).

α-1,4-Glucoside. 19. Mitt. Die Wirkung von Säure auf Maltose und stärkeähnliche Polysaccharide. Manners, D.J., Mercer, G.A. und Rowe, J.J.M. J.chem.Soc.(London) 1965. 2150-56. - Ref. Stärke 17. 339 (1965), C.A. 62. 14796f (1965).

Grenzflächenaktive Zuckerderivate. 2.Mitt. N-Glykoside und Amadori-Verbindungen langkettiger aliphatischer Amine. Schneider, F. und Geyer, H.U. Stärke 16. 309-13 (1964).

Radioaktive Zucker. Lorant, M. Chem.Rdsch.(Solothurn) 17. 19-20 (1964) - Ref. C. 1964. 41-2518.

Herstellung radioaktiver Verbindungen von pharmazeutischer und biochemischer Bedeutung. 3.Mitt. Herstellung von einheitlich markierter ^{14}C-Glucose-1-phosphat und ^{14}C-Glucose-6-phosphat. Lászlő, E., Tóth, M., Szejtli, J., Hollő, J. und Vándor, E. Gyogyszerészet (Pharmazie) 8. 261-64 (1964) - Ref. C. 1965. 45-1744.

Disaccharide aus Stärke. Goda, T. A.P. 3 066 086 ausg. 27/11. 1962. - Ref. C.A.(M.) 58. 8128d (1963). Ref.J.Chem. (russ.) 1964. 19 R288.

Oxydation von Kohlenhydraten. 2.Mitt. Synthese von D-Zuckersäure aus Saccharose. Chia, Kuei-Shih und Lin, Chen-Chong Chemistry (Taipei) 1962. 98-104. - Ref. C.A.(M.) 59. 6496h (1963).

Zur Wirkung alkalischer Kupfersalzlösungen auf Saccharose und Invertzucker. Schiebel, W. Zucker 15. 345-51, 395-401 (1962) - Ref. C. 1964. 41-2520.

Herstellung reiner Maltose auf säulenchromatographischem Wege. Täufel, K. und Ruttloff, H. Ernährungsforschung 6. 579-83 (1961) - Ref. Stärke 14. 263 (1962).

Erythrit und Äthylenglykol aus Dialdehydstärke. Otey, F.H., Sloan, J.W. Wilham, C.A. und Mehltretter, C.L. Ind.Engng.Chem. 53. 267-68 (1961) - Ref. C.A. 56. 1656g (1962), Stärke 14. 146 (1962). C. 1963. 1841. Ref.J.Chem.(russ.) 1962. 7 N319.

Glyoxal und Erythrose aus Dialdehydstärke. United States Department of Agriculture (Erfinder: Cleve, J.W.van und Mehltretter, C.L.) A.P. 2 973 387 ausg. 28/2. 1961. - Ref. C.A. 55. 12898g (1961), C. 1962. 15038. Ref.J.Chem.(russ.) 1962. 4 N378.

Verfahren zur Herstellung von D-Fructose. C.F.Boehringer & Söhne G.m.b.H. D.A.S. 1 163 307 Kl. 12o vom 11/11. 1961., ausg. 20/2. 1964. - Ref. Stärke 18. 298 (1966).

Präparative Untersuchung über die Oxydation der Maisstärke zwecks Gewinnung von Zuckersäure. Bogoczek, R. und Troszkiewicz, C. Zeszyty naukowe Politechn.Śląskiej, Chem. 1961. Nr.5. 77-89. - Ref. C. 1964. 18-2756. C.A. 62. 723c (1965).

Ein Verfahren zur Gewinnung von Sorbit. Nagyayomású Kisérleti Intézet (Erfinder: Bognár, A., Haidegger, E., Károlyi, J., Láng, T., Péter, I. und Siposs, G.). Ung.P. 148 434 ausg. 30/9. 1961. - Ref. J.Chem.(russ.) 1962. 18 N290.

Ein Verfahren zur Gewinnung von feinkörnigem trockenem Sorbit. Paklepp, G. und Felker, O. UdSSR.P. 136 345 ausg. 14/3. 1961. - Ref.J.Chem.(russ.) 1961. 21 N257.

Neues Verfahren zur Gewinnung von Sorbitol. Chemiker-Ztg. 85. 833 (1961) - Ref. Stärke 14. 191 (1962).

Sorbit. Fedor, W.S. Ind.Engng.Chem. 52. 282-86 (1960) - Ref.J. Chem.(russ.) 1961. 24 N322.

Sorbit und dessen Anwendung. Huchette, M. Ann.Falsificat.expert. 53. Nr.618. 349-59 (1960) - Ref.J.Chem.(russ.) 1961. 19 N207.

Zur Methodik der Chromatographie einiger Phosphorsäureester von Zuckern. Stepanenko, B.N. und Kusnetzow, A.A. Biochemie (russ.) 24. 25-32 (1959) - Ref. Stärke 12. 315 (1960).

Glucuronsäurelacton. Chûgai Seiyaku Kabushiki Kaisha (Erfinder: Nakajima, Y.). D.A.S. 1 086 222 Kl. 12o vom 16/4. 1958., ausg. 4/8. 1960. - Ref. C. 1961. 2788. Stärke 14. 101 (1962).

Polymerisation von α-D-Glucose in festem Zustand in Gegenwart von Meta-Borsäure. Durand, H.W., Dull, M.F. und Tipson, R.S. J.Amer.chem.Soc. 80. 3691-97 (1958).

Herstellung von Glucuronolacton. Kaisha, C.S.K. Ind.P. 63 649 vom 3/4. 1958., ausg. 15/2. 1960. - Ref. C. 1962. 9186.

Quantitative Gesichtspunkte zur Umwandlung der Glucose durch Säure. Peat, St., Whelan, W.J., Edwards, T.E. und Owen, O. J.chem.Soc. (London) 1958. 586-92. - Ref. C. 1959. 4155.

Struktur der Isomaltose und Gentiobiose. Wolfrom, M.A., Thompson, A. und Brownstein, A.M. J.Amer.chem.Soc. 80. 2015-18 (1958) - Ref. Stärke 10. 239 (1958).

Verfahren zur Herstellung von Laevulinsäure. Inventa A.G. für Forschung & Patentverwertung (Erfinder: Silberman, H.C., Giesen, J. und Conradin, F.) D.A.S. 1 049 371 vom 25/11. 1957., ausg. 23/7. 1959. Schweiz.Prior. vom 24/1. 1957. - Ref. Stärke 12. 61 (1960).

Gewinnung von Oxalsäure aus Calcium-Oxalat-Rückständen bei der Gewinnung von Stärke und Zucker. Kawahara, M. Japan.P. 7767 vom 18/9. 1957. - Ref. C.A. 53. 1797a (1959).

Derivate der D-Zuckersäure. Totton, E.L. und Reid, W.E. J.org. Chemistry 22. 1104 (1957) - Ref. C. 1958. 12363.

Zuckercouleur. Union Starch & Refining Co. (Erfinder: Pyle, R.E. u. Longenecker, J.B. E.P. 809 747 vom 14/5. 1956., ausg. 4/3. 1959. - Ref. C. 1960. 5344.

Darstellung von D-Glucuronsäure aus mit Stickstofftetroxyd oxydierter Stärke. Ishikawa, T. J.chem.Soc.Japan 76. 130-33 (1955) - Ref. C. 1959. 13761.

Das Vorkommen von Isomaltose in den Produkten der in verdünnsten Mineralsäuren erhitzten Glucose. Bacon, E.E. und Bacon, J.S.D. Biochem.J. 58. 396-402 (1954) - Ref. C. 1950/54. 928 S.

Die Reduktion von Zuckern mit Natriumborhydrid. Abdel-Akher, M., Hamilton, J.K. und Smith, F. J.Amer.chem.Soc. 73. 4691-92 (1951) - Ref. C. 1953. 8364.

Stickstoffhaltige Zucker und Zuckerderivate. Heyns, K. Stärke 9. 85-98 (1957).

Die Isolierung von 5-O-β-d-Glucopyranosyl-d-Glucose aus Hydrol. Sowden, J.C. und Spriggs, A.S. J.Amer.chem.Soc. 78. 2503-05 (1956) - Ref. Stärke 8. 257 (1956), C. 1957. 130.

Herstellung, Eigenschaften und Struktur des Disaccharids Leucrose. Stodola, F.H., Sharpe, E.S. und Koepsell, H.J. J.Amer.chem. Soc. 78. 2514-18 (1956) - Ref. Stärke 8. 257 (1956).

Natriumsalz der Stärke-Glykolsäure. Nippon Rosin Co. (Erfinder: Hayashi, T. Japan.P. 2 296 ('55) ausg. 5/4. 1955. - Ref. C.A. 51. 14796g (1957).

Präparation und Charakterisierung von 1-C^{14}-Amylotriose. Pazur, J.H. J.Amer.chem.Soc. 77. 1015-17 (1955) - Ref. C. 1957. 1643.

Kinetik der Hydrolyse von Isomaltotriose und Isomaltotriit. Jones, R.W., Dimler, R.J. und Rist, C.E. J.Amer.chem.Soc. 77. 1659-63 (1955) - Ref. C. 1957. 938.

Maltopentaose und kristallines Octadeca-O-acetylmaltopentait. Whistler, R.L. und Duffy, J.H. J.Amer.chem.Soc. 77. 1017-19 (1955) - Ref. C. 1957. 1680.

Isolierung von Maltohexaose. Whistler, R.L. und Moy, B.F. J.Amer. chem.Soc. 77. 5761-62 (1955) - Ref. Stärke 8. 67 (1956), C. 1957. 11878.

Trennung von d-Glukose und d-Fruktose aus Invertzucker oder Saccharose. Smith, F. und Sprietersbach, D. J.Amer.chem.Soc. 76. 4191-92 (1954) - Ref. Stärke 7. 12 (1955).

Umlagerung der d-Glukose in ammoniakalischer Lösung. Graefe, G. Stärke 6. 209-214 (1954).

Säureumwandlungsprodukte aus D-Glucose. Thompson, A., Kłimiko, Anno, Wolfrom, M.L. und Inatome, M. J.Amer.chem.Soc. 76. 1309-11 (1954) - Ref. C. 1954. 10487.

Reversible Transglucosidierung der Isomaltose. Pazur, J.H. Biochim.biophysica Acta (Amsterdam) 13. 158-59 (1954) - Ref. C. 1955. 127.

Beobachtungen über die Oxydation von Maltose durch Acetobacter melanogenum. Katznelson, H. und Tanenbaum, S.W. J.Bacteriol. 68. 368-72 (1954) - Ref. C. 1955. 7468.

Die komplexbildende Wirkung von Zuckersäure. Mehltretter, C.L., Alexander, B.H. und Rist, C.E. Ind.Eng.Chem. 45. 2782 (1953). - Ref. Stärke 6. 31 (1954).

Natriumgluconatherstellung. Gärung mit Aspergillus niger. Blom, R.H. Pfeifer, V.F., Moyer, A.J., Traufler, D.H., Conway, H.F., Crocker, C.K., Farison, R.E. und Hannibal, D.V. Ind.Eng.Chem. 44. 435-40 (1952) - Ref. Stärke 4. 228 (1952), C. 1954. 6610.

Verbindungen von Glukose-Derivaten. Osborne, Bruce und Henneman, E. (übert. an: American Home Products Corp.) A.P. 2 554 152., ausg. 22/5. 1951.- Ref. Stärke 3. 307 (1951).

Substituierte Glucopyranosepolymere. Ohio State University Research Foundation, übert. von : K.M. Gaver, E.P. Lasure u. L.M. Thomas. A.P. 2 602 084 vom 29/1. 1951., ausg. 1/7. 1952. - Ref. C. 1954. 3592.

Substituierte Glucopyranosepolymere. Ohio State University Research Foundation, übert. von: K.M. Gaver. A.P. 2 609 368 vom 21/10. 1950., ausg. 2/9. 1952. - Ref. C. 1954. 3591.

Kristalline Derivate von Isomaltose. Wolfrom, M.L., Georges, L.W. und Miller, I.L. J.Amer.chem.Soc. 71. 125 (1949).

Desoxyzucker. 4.Mitt. Eine Synthese von 2-Desoxy-d-ribose aus Erythrose. Overend, W.C., Stacey, M. und Wiggins, L.F. J.chem. Soc.London 1949. 1358-63 - Ref. C. 1950. II. 172.

Die Herstellung von Lävulinsäure in halbtechnischem Maßstabe. Hands, C.H.G. und Whitt, F.R. J.Soc.chem.Ind. 66. 415-16 (1947).

Kristalline Derivate von 6-α-D-glucopyranosido-β-D-glucose aus Stärke. Montgomery, E.M., Weakley, F.B. und Hilbert, G.E. J.Amer.chem.Soc. 69. 2249-50 (1947) - Ref. C. 1948. I. 1409.

Gleichmäßig substituierte Glucopyranosepolymere. Ohio State Univ. Research Foundation, übert. von: K.M.Garver und E.P. Lasure. A.P. 2 572 923 vom 23/10. 1947., ausg. 30/10. 1951. - Ref. C. 1954. 2517.

Darstellung von Glucose-1-Phosphat. Sumner, J.B. und Somers, G.F. Arch.Biochemistry 4. 11-13 (1944) - Ref. C. 1946. II. 2967.

Die Umwandlung von Glucosederivaten in Altrosederivate durch einfache optische Umkehrungen. Robertson, George J. und Griffith, Charles F. J.chem.Soc.(London) 1935. 1193-1201. - Ref. C. 1936. I. 771.

Die katalytische Hydrierung von Aldonsäure-δ-und γ-lactonen und von Aldosen. Glattfeld, J.W.E. und Schimpff, G.Weber J.Amer. chem.Soc. 57. 2204-08 (1935) - Ref. C. 1936. II. 1932.

Studien über Pflanzenkolloide. 35.Mitt. Lösungszustand der Iso-Hexosane. Samec, M. und Knop, L. Kolloid-Beih. 39. 259-64 (1934).

Isolierung der krystallisierten α- und β-Äthylglucofuranoside (γ-Äthylglucoside) und anderer krystallisierter Derivate der Glucofuranose. Haworth, W.N. und Porter, C.R. J.chem.Soc. London 1929. 2796-2806. - Ref. C. 1930. I. 3028.

Über die Isomaltose. Georg, Alfred und Pictet, Amé Helv.chim. Acta 9. 612-25 (1926) - Ref. C. 1926. II. 1131.

Die Konstitution der Maltose. Irvine, J.C. und Black, J.M.A. J. chem.Soc. (London) 1926. 862-75. - Ref. C. 1926. II. 385.

Die Konstitution der Disaccharide. 10. Mitt. Maltose. Cooper, C.J.A., Haworth, W.N. und Peat, S. J.chem.Soc.(London) 1926. 876-80. - Ref. C. 1926. II. 386.

Aldehyldabspaltung aus Zuckerarten. Klein, G. Biochem.Z. 169. 132-38 (1926) - Ref. C. 1926. I. 3221.

Neues aus der Zuckerchemie. 6.Mitt. Kiliani, H. Ber.dtsch.chem. Ges. 58. 2344-62 (1925)- Ref. C. 1926. I. 1137.

Verfahren zur Darstellung von Lävoglucosan. Pictet, Amé D.R.P. 326 316 vom 10/1. 1918., ausg. 24/9. 1920. - Ref. C. 1921. II. 34.

Eine Studie über die Glucosazonreaktion. Carard, Ira D. und Sherman, H.C. J.Amer.chem.Soc. 40. 955-69 (1918)- Ref. C. 1918. II. 709, W.Ref. 379.

Zur Kenntnis der synthetischen Isomaltose. Friedrichs, Oscar v. Arkiv för kemi, Min.och Geol. 5. Nr.4. 13 SS. (1913) - Ref. C. 1914. I. 763.

Verwandlung der Dextrose in Lävulose und Nachweis der Lävulose. Ost, H. Z.angew. Chem. 30. 1170. (1905).

Studien über Enzymwirkung. 7.Mitt. Die synthetische Wirkung von Säuren verglichen mit derjenigen der Enzyme. - Synthese von Maltose und Isomaltose. Armstrong, E.F. Proc.Roy.Soc. (London) Ser.B. 76. 592-99 (1905).

Einwirkung von Zucker auf ammoniakalisches Silbernitrat. Henderson, J. J.chem.Soc. (London) 69. 145-154 (1896) - W.Ref. 702.

Über die "Isomaltose" von C.J. Lintner. Brown, H.T. und Morris, G.H. J.chem.Soc. (London) 67. 709-38 (1895) - Ref. C. 1895.II. 438, W.Ref. 255.

Synthese einer neuen Glucobiose. Fischer, E. Ber.dtsch.chem.Ges. 23. 3687-91 (1890).

Über Maltose. Herzfeld, A. Z.Landwirtsch.techn.Fortschr. der landwirtschaftl.Gewerbe 20. 630-42 (1882).

692. Sonstige niedere Abbauprodukte der Stärke

(Vgl. auch "Verschiedene Stärkereaktionen": 684)

Die Säure-Basen-katalysierte Umwandlung von Aldohexose in 5-(Hydroxymethyl)-2-furfurol. Mednick, M.L. J.org.Chemistry 27. 398-403 (1962) - Ref. C. 1963. 18447.

Natrium-Glucoheptonat aus Mais-Sirup. Pfanstiehl Laboratories, Inc. (Erfinder: Behnke, R.) A.P. 3 022 343 vom 17/11. 1959., ausg. 20/2. 1962. - Ref. C.A. 57. 1140c (1962), Ref.J.Chem.(russ.) 1963. 16 R235.

Beitrag zur Bildung von 2-Methyl-3-Hydroxypyron (Maltol). Diemair, W. und Hala, H. Z.Lebensmittel-Unters.u.Forsch. 110. 161-68 (1959).

Herstellung von 5-Hydroxymethylfurfurol (I). Merck & Co.,Inc. (Erfinder: Garber, J.D. und Jones, R.E.) Aust.P. 227 514 vom 7/11. 1957., ausg. 28/4. 1960. A.Prior 26/11. 1956. - Ref. C. 1962. 9151.

Die Herstellung von Oxalsäure aus Kohlenhydraten. Ankawa, N., Ssibadsaki, Ch. und Irami, I. Japan.P. 1774 ('58) vom 17/3. 1958. - Ref.J.Chem.(russ.) 1964. 7 R429.

Herstellung von Oxalsäure aus Stärke. Asahi Chemical Industries Co. (Erfinder: Yamamoto, S. und Nobukuni, T.) Japan.P. 421 ('56) ausg. 24/1. 1956. - Ref. C.A. 51. 4035e (1957).

Über die Gewinnung von Oxalsäure. Rot, L.N. Betriebs-Lab.(russ.) 13. 894 (1947) - Ref. C. 1947. E. 278.

Herstellung von Reduktionsmitteln. Ciba Akt.-Ges. Schwz.P. 268 147 vom 30/1. 1947., ausg. 1/8. 1950. - Ref. C. 1952. 2756.

Lävulinsäure. Staley, A.E., Mfg.Co., übert. von: Walter G. Meyer A.P. 2 382 572 vom 24/6. 1942., ausg. 14/8. 1945. - Ref. C. 1946. I. 2143.

Über die Bildung von Lävulinsäure aus Kohlehydraten. Ploetz, Th. Naturwissenschaften 29. 707-08 (1941) - Ref. C. 1942. I. 2528.

Die Überführung gewöhnlicher Kohlenhydrate in Vitamin C. Sah, Peter, P.T. Z.Vitaminforsch. 8. 144-54 (1938/1939) - Ref. C. 1939. I. 1793.

Glycerin aus Stärke. Roberts, I. Quart.J.Pharmac.Pharmacol. 11. 18-25 (1938).

Untersuchungen über die Anwendung von Saccharose und Stärke. II. Über die Fabrikation von Pyrrol aus Saccharinsäure. Fujita, Hideo, Maeshima, Toshihisa u. Hashihama, Yoshikazo J.Soc.chem. Ind.,Japan Suppl. 41. 63B-64B (1938) - Ref. C. 1938. II. 3472.

Stärke als Ausgangsmaterial für die Darstellung von Bernsteinsäure und Bromoform. Cheng-Heng Kao , Hsi Chin Mou u. Peter P.T.Sah Sci.Rep.nat.Tsing.Hua Univ.Ser.A. 4. 27-29 (1937) - Ref. C. 1937. II. 2983.

Merzaptothiazolidinabkömmlinge. I.G.Farbenindustrie Akt.-Ges. D.R.P. 648 761 Kl.12 q vom 15/1. 1936., ausg. 7/8. 1937. - Ref. C. 1937. II. 3077.

Stärke als ein Ausgangsmaterial für die Synthese von Vitamin C. Sah, Peter P.T. Sci.Rep.nat.Tsing Hua Univ.Ser.A. 3. 265-77 (1935) - Ref. C. 1937. I. 894.

Herstellung von Alkoxymethylfurfurolen und Lävulinsäurealkylestern. Spengler, Oskar, Weidenhagen, Rudolf und Korotkyj, Borys D.R.P. 635 783 Kl.12q vom 3/6. 1934., ausg. 28/9. 1936 - Ref. C. 1937. I. 4295.

Herstellung mehrwertiger Alkohole. I.G.Farbenindustrie Akt.-Ges. F.P. 739 951 vom 13/7. 1932., ausg. 19/1. 1933. D.Prior. 14/7. 1931. - Ref. C. 1933. I. 2870.

Herstellung von den einfachen Zuckerarten entsprechenden Polyalkoholen. Böhme Fettchemie-Gesellschaft m.b.H., Hans Dorner Erfinder D.R.P. 634 588 Kl.12o vom 22/4. 1932., ausg. 31/8. 1936. - Ref. C. 1936. II. 3946.

Untersuchungen über Lävulinsäure. I. Ihre Darstellung aus Kohlenhydraten durch Erhitzen mit Salzsäure unter Druck. Thomas, Ralph W. und Schuette, H.A. J.Amer.chem.Soc. 53. 2324-28 (1931) - Ref. C. 1931. II. 985.

Lävulinsäure. Mc Kenzie, B.F. Organic Syntheses 9. 50-51 (1929) - Ref. C. 1931. I. 2333.

Über die Entstehung von Diacetyl aus Kohlenhydraten und verwandten Stoffen. Schmalfuß, H. und Barthmeyer, H. Ber.dtsch.Chem.Ges. 60. 1035-36 (1927) - Ref. C. 1927. I. 3183.

Bildung von Furfural aus Stärke und ihren Derivaten (Auszug). Sestini, F. J.chem.Soc.(London) 76. T.1; 103 (1899) - W.Ref. 710.

Über Furfurolbildung, mit besonderer Berücksichtigung der Bedingungen beim Maisch- und Würzekochprozeß. Windisch, W. Wschr. Brauerei 16. 653-654 (1899) - W.Ref.711.

Verfahren zur Darstellung von Weinsäure aus Stärke, Dextrin oder Fruchtzucker. Naquet, A. D.R.P. 64 401 Kl.12o, vom 2/8. 1891., ausg. 22/8. 1892.

Zur Darstellung der Lävulinsäure. Rischbieth, P. Ber.dtsch.chem. Ges. 20. 1773-1775 (1887) - W.Ref. 696.

Über die Dextronsäure. Habermann, J. Ann.Chem.Pharm. 162. 297 (1872).

Hauptgruppe 6 : Stärkederivate und spezielle Chemie der Stärke

Schlagwortverzeichnis

(Die Ziffern entsprechen der Klassifikationseinteilung)

Bei Fragen zur Produktsicherheit wenden Sie sich bitte an:
If you have any questions regarding product safety,
please contact:

Walter de Gruyter GmbH
Genthiner Straße 13
10785 Berlin
productsafety@degruyterbrill.com